米軍機の低空飛行を止める

大野智久 著

高度に事実で迫る手引き

新日本出版社

目　　次

　　はじめに　　5

第 1 章　米軍「低空飛行訓練」の恐怖　7
　1　爆音が住民を襲う　　8
　2　空を飛ぶことと安全　　15
　3　日米安保と「1999 年日米合意」　　18

第 2 章　無法な実態に「事実で迫る」解析の手引き　27
　1　「対地高度に迫る」その原理　　28
　2　画像で距離を解析　　33
　3　仰角と方位角を測る　　43
　4　米軍機の位置を特定し高度を調べる　　52
　5　画像解析の実際の手順──ステルス「F35」も丸見えに　　53
　6　測定道具の進展と測角精度　　57
　7　あらゆる情報から解析──太陽も目撃者　　61

第 3 章　明らかになった「訓練ルート」　67
　1　七色の「低空飛行訓練ルート」と首都圏 9 ルート　　68
　2　伏せられた「ブラウン」　　72

第4章　地方自治体・議会とも連携して国へ
　　　——各地の調査・解析の記録　85

1　津山で土蔵崩壊——「草の根レーダー」で高度解析　86
2　岡山から全国へ——高精度測量の開始　93
3　「低空飛行に子ども悲鳴」動画は18万回超再生　100
4　広島湾上空、米軍自撮り画像を解析　107
5　沖縄の日常をリモートで解析——湖面すれすれも　120
6　市長も呼びかけ——長野県佐久市　125
7　各地で超低空飛行に怒り　133

　おわりに　157

　資料　161
　　低空飛行訓練ルート　161
　　横田　C-130 有視界編隊飛行ルート　165
　　1999年日米合意　168
　　航空法（最低安全高度）　169
　　航空法施行規則（最低安全高度）　169
　低空飛行解析センターの主な活動の歩み　171

はじめに

　日本の上空をわが物顔で飛行し、恐怖と爆音をもたらす米軍の低空飛行訓練——。航空法の最低安全高度もおかまいなしの無法が野放しにされているのは、アメリカの同盟国の中でも日本だけです。筆者の住む岡山県を含め、東西につらなる中国山地では、「ブラウンルート」と呼ばれる訓練ルートや「エリア567」という訓練空域があり、頻繁に米軍機が飛び交っています。

　読者のみなさんは低空飛行訓練をじかに見聞きしたことがあるでしょうか。その音や衝撃波はすさまじく、過去には低空飛行訓練をしていた米軍機が墜落したことや、衝撃波で建築物が崩壊したり壊れたりしたこともあります。

　米軍がこうした訓練をするのは相手国の領土内に、レーダーに見つからないよう侵入し目的を爆撃するためですから、侵略が目的なのです。米軍自身が低空飛行訓練のねらいを次のように語っています。

　米海兵隊岩国航空基地のホームページにあるニュース（2016年8月）の中で、訓練担当教官やパイロットが登場し、「低高度訓練のスキルを継続的に構築する必要がある」と強調。米海兵隊のクレイトン・ハーリン少佐は「ステルス機やスタンドオフ兵器（長距離ミサイルなど）がある時代に、低空飛行で山を駆け抜けるなんて馬鹿げた話に聞こえるかもしれないが、低空飛行で敵に近づくことは敵の弱点を突くもう一つの手段だ。準備できているパイロットの集団を常に抱えておくことは、非常に重要な資産なんだ」と述べています（https://www.mcasiwakuni.marines.mil/Iwakuni-News/News-Stories/News-Article-Display/Article/929717/vmfa-122-gets-low-during-southern-frontier/ 2024年10月16日閲覧）。

　一方、戦闘機のパイロットは小説を読みながら操縦していることさえあるようです。その画像が、2018年12月に高知沖で発生したFA18ホーネットとKC130空中給油機の衝突・墜落事故に関する米軍の報告書（2019年8月）で公開されました。墜落事故が起きるのも当然と思える恐ろしい実態です。

危険きわまりない低空飛行訓練によって日本人の安全が脅かされ、深刻な被害を受けていることに、党派を超えて強い怒りが蓄積されています。こうした危険をなくすためには、米軍機がどれぐらい危険な高さで飛んでいるかの事実を、自治体や住民で共有し、米軍と日本政府に働きかけることが大事だと、筆者は感じてきました。この本では、寄せられた「証拠」をもとに、科学的な手法で、米軍機の乱暴な飛行ぶりを解明する主な道筋を解説しています。住民のみなさんとの協同の事例、解析手法の進歩・発展も紹介します（登場する人物の肩書きや地名は当時のもの）。これらが、低空飛行訓練に悩む全国の皆さんの取り組みの助けになればうれしいです。

　筆者が低空飛行の現実を初めて目撃・撮影したのは、1998年10月21日午前8時9分ごろのこと。しんぶん赤旗の記者の方とともに、広島県と鳥取県との境にある岩樋山の休息所にいたときでした。かすかな爆音が西方から聞こえて約2分後、黒い機影が見え始め、点が大きくなるや、戦闘攻撃機FA-18ホーネットが筆者の目の高さを東進しました。この体験が契機となって、地域の人々の「告発」を助ける取り組みを始めました。相談しやすいようにと、市民団体「低空飛行解析センター」を立ち上げ、ネットワークも築いてきました。

　心がけてきたのは、「事実で迫る」ことです。航空法で定められている最低安全高度にふれる明確な証拠を突き付ける――。事実が正確であるほど、思想も政治的立場も超えて訴える力が広がり、「静かな空を取り戻したい」という願いは必ずかなえられると信じています。

　画像解析や測定数値、解析方法、測量、計算方法などを紹介した箇所は、「なにやら理科の教科書みたいだ」と敬遠される部分もあるかと思いますが、どうかお許しください。なるべくわかりやすく書くようにしましたし、科学を実生活や社会の抱える問題に役立てる大切さも感じていただけるとうれしいです。執筆にあたり、目撃者のみなさんをはじめ、関係自治体の首長、議員や職員のみなさん、テレビ、新聞など報道機関のみなさんには、多大なご協力をいただきました。あらためてお礼を申し上げます。

第１章　米軍「低空飛行訓練」の恐怖

1　爆音が住民を襲う

　全国各地で米軍機の低空飛行による被害が続いています。
　たとえば島根県浜田市旭町丸原にある、「島根あさひ社会復帰促進センター」は2011年、米軍戦闘機の爆音に連日襲われました。南に隣接する「あさひ子ども園」の園児らは、そのたびに悲鳴を上げ、同市は2012年1月から同町にある支所で騒音観測を開始しました。
　それが10年以上前ですが、状況はいまも変わっていません。地元紙の中国新聞は、「島根県西部で米軍機によるとみられる騒音の測定回数が高止まりしている。国が設置した浜田市と益田市の測定器では2023年度『騒がしい街頭』に相当する70デシベル以上を計1606回記録。21年度に次ぐ多さで米軍岩国基地（山口県岩国市）への空母艦載機の移転完了前の17年度比では3.6倍になっている。周辺では低空飛行や空中給油訓練とみられる機影も目撃されており、地元自治体は国に対策を求めている」（2024年6月18日付）と報じています。
　群馬県高崎市では2010年春、米軍のFA-18ホーネットの激しい爆音が問題になりました。生活に支障をきたすレベルの騒音で、日本共産党などが前橋市で同年6月に開いた集会には、約180人が参加し、「どうしたらやめさせられるのか」「事実を記録して抗議を」と声が上がりました。住民の声に押され、群馬県は前橋市と渋川市に騒音計を設置し、2013年5月8日、騒音測定器のデータを公開しました。
　「同県に寄せられた4月の苦情件数は307件」「瞬間的ながら4月23日19時35分〜19時55分に行われた訓練では前橋市で90.2デシベルを記録した」と高崎前橋経済新聞2013年5月10日付が報じています。90デシベルという騒音は環境省によるとパチンコ店内のそれに相当することも紹介していました。この年、全国の米軍機での「苦情」の8割が群馬という異常ぶりでした。

岡山県津山市では2011年3月2日、米軍岩国基地所属の戦闘機の低空飛行による衝撃で、農家の土蔵が全壊しました。大音響に驚いて110番通報した人、「戦争が始まったのかと、すぐにテレビのスイッチを入れた」人もいました。

衝撃波で割れた窓ガラス

島根県浜田市では2013年1月15日、米軍機の低空飛行訓練による衝撃波と爆音があり、民家の納屋の窓ガラス1枚が割れる被害が出ました。米軍岩国基地所属の航空機が飛び、音速を超えたときに起きる「ソニックブーム」と呼ばれる衝撃波が発生して、窓ガラスが割れたとみられています。

浜田市によると、この時、同市旭町全域で、建物の揺れや「ドーン」という音が聞かれ、市には約10件の苦情や問い合わせがありました。同市旭支所の聞き取りでは、1月15日午後0時6分ごろ、町内全域で激しい爆音と衝撃波が確認されました。小中学校はガラスが震え、激しい爆音であったこと、あさひ子ども園では飛行機が墜落したかと思われるほどの衝撃を感じ、園児から「園を壊さないで」との訴えが寄せられたとのことでした。同支所の騒音測定器は88.6デシベルを記録しました。

米軍の戦闘機や大型機、オスプレイなどの軍用機は、飛ぶ前になんの予告もしません。米軍機が飛来すると、学校や保育園では子どもたちがキャーッと悲鳴を上げ、部屋のすみにかたまります。授業中断、安眠妨害、さらに深刻なできごとも枚挙にいとまがありません。林業用ワイヤーの切断（1987年、奈良県）、爆音でパニックを起こした比内地鶏の大量圧死（2012年、秋田県）、

第1章　米軍「低空飛行訓練」の恐怖

乗馬中の馬が驚き落馬して骨折（2010年、広島県）、救急ヘリとの異常接近（2021年、徳島県）、燃料タンク落下で深刻な漁業被害（2021年、青森県）などなど。

　2023年には鹿児島県屋久島沖で米空軍のオスプレイが墜落し乗員8人が全員死亡するといういたましい事故も起きています。部品落下事故などは数え切れません。米軍の普天間飛行場が位置する沖縄・宜野湾市では、2004年8月13日、同市市街地にある沖縄国際大学に米軍ヘリが墜落・炎上する事件もありました。また、同市の緑ヶ丘保育園の屋根には2017年12月7日、米軍ヘリの部品が落ちました。1歳児が園庭に出ようとしていたときでした。しかも、その6日後、同市立普天間第二小学校に、約8kgの米軍機の窓枠が落下、沖縄ではこのように、胸が痛くなるような現実が日常なのだと聞きます。

低空飛行訓練ルート、エリアの存在

　米空軍「ファクトシート」（2003年4月）によれば、低空飛行とは、「地上ミサイルレーダーを破壊し、高度化した地対空ミサイルや対空砲火を避け、敵攻撃機を打ち破るために、100フィート（30m）のような低高度並びに高速で作戦する」というものです。レーダーから機体を隠すように山間地を低空飛行する「低空飛行訓練ルート」（後述）は、全国各地に存在します。この「ルート」は米軍が勝手に設定したもので、オレンジ、イエロー、グリーン、ブルー、ピンク、パープル、ブラウンといった色の名がついています（図1-1。巻末の資料も参照）。

　一方、内陸の空で、空中戦や空爆をしているかのように、米軍機が上空を飛びまわる「エリア」が、東西に二つ存在します。中国山地の島根、広島、山口各県境にまたがる広大な三角域「エリア567」（Qと7）は「ブラウンルート」とも重なり、米軍機が連日のように空中戦さながらの訓練を繰り広げています。北関東の「エリア（H・3）」も同様で、「ブルールート」とも重なっています。上空では、米軍戦闘機が急降下・急上昇を繰り返し、爆音が

図 1-1　米軍が勝手に設定した色の名のついた7つの「訓練ルート」

長時間におよびます。両「エリア」ともに、自衛隊用の訓練空域なのですが、1971年7月30日、岩手県雫石町上空で発生した全日空機と自衛隊機の空中衝突・墜落事故以降、空自は陸地上空での戦闘訓練を控えています。空自用の空域が、米軍に「また貸し」されているのです（図1-2）。

「エリア」も「ルート」も、ともに激烈な爆音をともないます。「低空飛

図1-2 上が中国地方の「エリア567」、下が広域関東圏の「エリアH・3」（筆者作成）

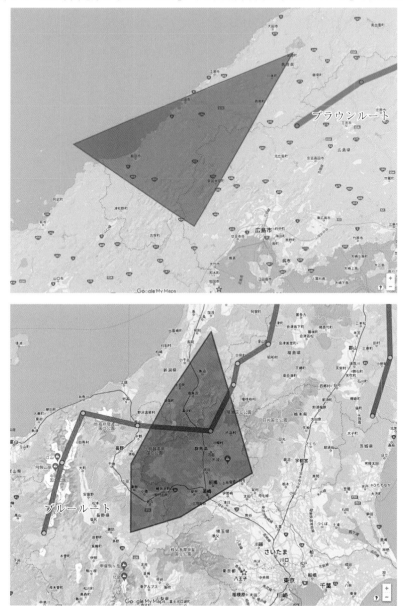

行」とは、地面に近い空中を飛ぶことですが、「高度が低いから激しい爆音なのだ」と思われることから、自治体や政府ではまとめて「低空飛行問題」と扱われています。自治体独自で、全国で初めて騒音計を設置したのは、「エリア567」内となる、島根県浜田市旭支所でした（2011年末）。本書では、激しい爆音の実態については関係自治体のホームページなどにゆずり、飛行高度にかかわる問題、航空法「最低安全高度」をめぐる事例を中心に紹介します。

「空の暴走族」と名付けた自治体首長たち

　あぶなくて、うるさい「空を飛ぶ暴走族」――この言葉は、広島県北の18人の自治体首長たちでつくられた、「米軍の低空飛行の即時中止を求める県北連絡会」（以下、県北連絡会）が言い始めました。今から四半世紀以上前のこと、1997年5月、広島県布野村（当時＝現・三次市）で、低空飛行をテーマにしたシンポジウムが開かれ、約160人が参加しました。これを受けて同年6月26日に「県北連絡会」が結成され、18の市町村や住民、各団体が加わりました。その後の広域合併と高齢化の影響で2013年1月末に活動を中止するまで、全国の取り組みや団体と連携しました。

　広島県では、「目撃情報調査票」を、「県北連絡会」の意見を聴いて補強し、活用しました（14ページ）。この様式は、隣の岡山県などでも参考にされました。

　後述するように、日本の航空法は「最低安全高度」を定め、市街地などでは対地高度300m、人の少ない場所では同150mより低い空間を飛ぶことを禁じています（国際的にもスタンダードとされている安全高度です）。米軍はこれを無視して低空飛行訓練をしてきたため、批判世論が巻き起こり、1999年に日米両政府の間で、航空法遵守の建前が確認されました。これは建前にすぎず、実際には航空法は守られていませんが、低空飛行訓練に悩まされている住民、自治体は、この日米合意をふまえ、それを破ってはばからない米軍の横暴な態度を、日米両政府に対し告発しています。

広島県の目撃情報調査票

　2008年7月、徳島県内で「墜落した」と、消防団が緊急出動するほどの低空飛行が相次ぎ、徳島県が米側に事実関係を照会したところ、同年8月、米側が「最低安全高度に反する飛行」を行ったと回答、最低安全高度以下の

飛行を初めて認めました。それまで、住民の抗議に対し、「(米軍は) 最低安全高度は遵守している」と一貫して航空法違反を認めようとしてこなかった日本政府は、米側の表明で事実を認めざるをえなくなりました。米軍機の危険な低空飛行はただちに中止をと、住民と自治体は各地で連携を強めています。

　その取り組みは、いまや全国の自治体や市民団体の手で広がっています。爆音を聞いたら、目撃されたら、お住まいの自治体の「危機管理課」など担当窓口に、電話や電子メールなどで通報してください。自治体ウェブサイトに、情報窓口を開設している県や市町村も増えています。低空飛行の米軍機を撮影されたら、お近くの新聞社やテレビ局にもお知らせください。危険な低空飛行をやめさせる、確かな力になるはずです（防衛省では、こうした行動を「苦情」と称していますが、自治体への通報は、平穏な郷土を願う勇気ある「告発」だと筆者は思います）。

2　空を飛ぶことと安全

　戦場で爆弾や銃弾を雨のようにあびせる軍用機は、恐怖と憎しみの対象で

岡山城近くの京橋から滑空する浮田幸吉（埼玉県の所沢航空発祥記念館）

す。しかし航空機自体は、人類の夢が実現した、すばらしい発明です。飛行原理と安全性、民間機と軍用機の根本的な違いなどに、ふれておきたいと思います。

そもそも、大空を自由に飛ぶことは、昔の人にとっては夢でした。だれが飛行機を考えたのでしょうか？ レオナルド・ダ・ヴィンチが人力飛行機の構想図を残していました。

人類で初めて空を飛んだのは——。じつは日本人でした。伝説の鳥人・岡山の浮田幸吉です。表具師でした。ハトの羽を研究し、いまのハンググライダーの元祖ともいえる滑空装置をつくり、1785年に岡山城近くの旭川にかかる京橋から飛び降りて、飛行に成功しました。まさに世界初の快挙ですが、「騒ぎを起こした不届きもの」として静岡へ「所払い（追放）」されてしまいました。

岡山市にある浮田幸吉の碑

京橋から滑空する幸吉を再現した様子が、精密な想像復元機とともに、埼玉県にある所沢航空発祥記念館で観覧できます（15ページの写真）。岡山県庁の南、京橋西詰には「世界で始めて空を飛んだ表具師幸吉之碑」が建っています。

模型機にゴムの動力をつけ、世界で初めて

図1-3 翼に対し浮力が働く

揚力
低圧
翼
高圧

航空力学が学べるサイト「鳩ぽっぽ」から

飛ばしたのも日本人でした。愛媛県八幡浜市の二宮忠八は、「カラス型模型飛行器」を完成させ、1891年に「10メートル飛んだ」（二宮忠八飛行館）のでした。1903年に、アメリカのライト兄弟が世界で初めて、有人動力飛行に成功するよりも、10年以上も早かったのです。

　航空機はなぜ空を飛べるのか。基本的な原理は「翼」の構造と役割にあります。地球の表面の大気の底に暮らしていると感じにくいのですが、わたしたちは大気圧を受けています。1cm^{2}あたり約1kgもあります。空を飛べる理屈なのですが、「翼」で風を受ける速度によって、「翼」の上面と下面では、気圧差が生じるのです。

　図1-3のように、これで揚力が得られます。（流体の速度が増すと、圧力の減少を伴う＝ベルヌーイの定理）。仮に「翼」の上面を真空にできたら、1m^{2}の翼なら、1kg×100×100なので、10トンぶんの揚力が得られる計算になります。これが金属製の大きな航空機でも、空を飛べる理由です。

　一方、飛行船や熱気球が飛べるのは、「大気の密度」よりも軽い気体が生み出す「浮力」のおかげですね。

航空法「最低安全高度」と「安全は後回し」の軍用機

　民間機は、安全に人や荷物を運ぶのが大切な役割です。もちろん翼下の人たちに、危害を加えてはいけません。航空法は「安全第一」を主眼に定められています。「最低安全高度」の定義も同様で、同法第81条の規定による航空機の最低安全高度は、次の通りです。

　　　有視界飛行方式により飛行する航空機にあっては、飛行中動力装置のみが停止した場合に地上又は水上の人又は物件に危険を及ぼすことなく着陸できる高度及び次の高度のうちいずれか高いもの（航空法施行規則第174条）。

　つまり、「最低安全高度とは、エンジンのみが止まった場合、翼下の人家

に危害がないように定めた高さ」。一定の高度（位置エネルギー）を確保して、回避飛行・着陸ができるようにと、「高度」は考えられています。具体的には、離着陸時を除いて、①人や家屋の密集地域では水平距離600m以内にある最も高い場所から300m以上の高度、②人や家屋がない地域や水面では150m以上の高度ということになります（巻末資料も参照）。法律で定められた規制ですし、これを遵守することは、世界中の民間航空事業で当然とされているスタンダードです。

　一方の軍用機は、まるで違います。高速飛行、急旋回性能、長い航続距離や大量の武器弾薬の積載能力などの軍事目的が最優先です。軍用機の猛烈な爆音は性能を最優先にした結果です。おそろしいことに、戦争のためには、自国の兵員の命さえ軽視します。アメリカ政府がたびたび墜落事故を起こしているオスプレイに固執しているのはその表れです。アメリカ本国では、オスプレイを「空飛ぶ棺おけ」だと批判する声があがり、同機の墜落事故をめぐり裁判も起きています。

3　日米安保と「1999年日米合意」

　航空機が翼下の人家に害をおよぼさないようにと、「安全第一」を願って定めたのが、航空法「最低安全高度」です。ところが米軍機は、在日米軍の法的地位を定めた日米地位協定に基づく「航空法特例法」によって、航空法「最低安全高度」の適用が除外されています（日米地位協定は、日米安全保障条約の目的達成のため米軍が日本でどんな区域・施設を利用でき、米軍がどんな地位にあるかを規定した二国間協定）。世界標準の安全ルールなのに、米軍機は除外というのは、露骨な「住民の安全あとまわし」の態度です。

　「日米安全保障条約」の第6条には、「日本国の安全に寄与し、並びに極東における国際の平和及び安全の維持に寄与するため、アメリカ合衆国は、その陸軍、空軍及び海軍が日本国において施設及び区域を使用することを許される」とあります。つまり、「日本の上空は、どこを飛んでも、おとがめな

し」なのです。

　また地位協定には、「公務執行中の合衆国軍隊の構成員若しくは被用者の作為若しくは不作為又は合衆国軍隊が法律上責任を有するその他の作為、不作為若しくは事故で、日本国において日本国政府以外の第三者に損害を与えたものから生ずる請求権は、日本国が次の規定に従つて処理する」（第18条の5）とあります。これは、「被害が出たら、日本が支払う」ということを示している条項です。これ、どんな政治信条の人から見ても、「あまりに不平等」なことではないでしょうか？

　この問題の構図がよくわかる国会論戦が、1998年2月25日の衆院予算委員会総括質疑でありました。ここではそのさわりをご紹介しておきます。質問者は日本共産党の志位和夫書記局長です。同氏は、すでにその当時も大きな問題になっていた低空飛行訓練の実態を告発し、それが世界に類を見ない、"植民地型"ともいうべき傍若無人なものだときびしく指摘しました。

　その上で志位氏が追及したことの第一は、日本での低空飛行訓練というのは、訓練空域や訓練ルートについて、制約や制限がいっさいないということでした。日米地位協定では第2条で、「合衆国は、相互協力及び安全保障条約第6条の規定に基づき、日本国内の施設及び区域の使用を許される」と規定しています。この第2条の規定にもとづいて、日本が米軍にたいして正式に訓練空域として提供している空域が、本土と沖縄とあわせて23あるけれど、低空飛行訓練をやっている空域あるいはルートというのは、日米地位協定で正式に提供されたものではないというのが志位氏の指摘でした。これはたしかに異常なことで、大臣は答弁不能に陥りました。たいへん興味深いやりとりなので、やや長くなりますが当時の報道を引用しておきます。

　　志位　もう一つおききしたいのは、米軍機による低空飛行訓練の問題であります。
　　先日、イタリアのスキー・リゾート地で、米軍機の低空飛行訓練によってロープウエーが切断され、ゴンドラが落下して多くの犠牲者がでる

第1章　米軍「低空飛行訓練」の恐怖

痛ましい事件が起こりました。日本もひとごとではありません。全国各地で米軍機が山あいをぬい、峰をかすめるようにして傍若無人な訓練をやっております。

　1994年10月には、高知県の早明浦ダム（の上流）で墜落事故も起こりました。私も現地調査にいきましたが、事故現場の大川村の村長さんが、「墜落地点のすぐそばに保育園や中学校があった。あわやというところで大惨事になるところだった。こんな恐ろしい訓練はやめさせてほしい」と訴えられていたことを忘れられません。この低空訓練の異常さは、さまざまあげられますが、私がとくにただしたいのは、日本ではどういう飛行ルートでおこなわれているのかさえ、国民に明らかにされていないということであります。低空飛行訓練ルートは明らかにしないというのが米軍の方針ですか。

　高野紀元外務省北米局長　米軍はわが国に安保条約にもとづいて駐留しております。そのために必要な種々の訓練をおこなうことは、当然、安保条約あるいは地位協定上、認められているわけでございます。その関連で低空飛行訓練ですが、わが国の航空法等を十分尊重しつつ、これをおこなってきているという経過がございまして、現在もそういう実態はございます。

　志位　ルートは、ルートは。

　北米局長　個々の飛行訓練をおこなうさいのルートにつきましては、米軍は、その地形、飛行の安全の確認等を考えながら随時決定しているというふうに承知していますが、具体的には米軍側の運用でございますので、明らかにできないということでございます。

　志位　公開しないというのが米軍の方針ですか。

　北米局長　はい、そのとおりでございます。

　政府は、米軍が訓練ルートを明かさないのは、さも当然のことであるかのように答えています。しかし、アメリカ本国ではまったく違うことを、志位

氏は明らかにしました。

　志位　日本の航空法では、住宅密集地の上空では最低高度300m、そうでないところでも150mという規定がありますが、米軍機については守らなくていいという特例法があって、実際に尊重していないという事実を、私はたくさん知っています。早明浦ダムに調査にいったときも、「自分の家より低い谷間を飛んでいる」と、多くの方がたが証言していたように、全然航空法を尊重していません。ともかく米軍は、航空ルートを公表しないというのが方針だというご答弁でした。
　アメリカ本土はどうなっているか。アメリカ国内では、低空飛行訓練の空域およびルートは地図化されることになっております。これは、インターネットから入手した米空軍の「ファクト・シート」――公開資料でありますが、ここでは「高速低高度訓練活動は制限された、地図に記載された空域のなかでのみ実施される」とはっきり明記しています。アメリカでは、低空飛行訓練の飛行ルートの地図は、カタログ販売でだれでも買いもとめることができます。国防総省が作って、商務省が販売しているのです。私は実際に買ってまいりました。ご覧になっていただきたい。詳細に軍事訓練ルートの地図が全部でていますよ。赤、青、黒とでていますが、赤い部分は計器飛行のルート、青い部分は有視界飛行のルート、そして黒の部分が低空飛行のルートなんです。なぜアメリカ軍がこれを公開しているかといえば、低空飛行訓練がきわめて危険な訓練だからです。環境との関係でも、航空安全の面からも、公開が不可欠だと、アメリカでは判断されているから、米軍は全部アメリカではだしているんですよ。これを日本ではださない、日本ではださないのが米軍の方針だといった。アメリカではだすのが米軍の方針なのです。いったいいかなる理由で、日本ではアメリカでも公開しているルートを公開できないのか、はっきり答えてください。

　　　　　　　　　　　（1998年2月28日付しんぶん赤旗から要約）

1999年6月26日の「県北連絡会」に招かれて発言する志位氏

志位氏の質問は大きな反響を呼びました。この質問の翌年1999年1月14日、「在日米軍は、国際民間航空機関（JCAO）や日本の航空法により規定される最低高度基準を用いて」いるなどとする「日米合意」が交わされます（巻末参照）。もちろん、在日米軍の特権を定めた日米地位協定の下、航空法をはじめ日本の国内法は米軍に適用されないため、米軍の低空飛行を止めることはできません。そこは矛盾しているのですが、しかし日米合意に「航空法を適用」する旨が書かれた以上、航空法違反の低空飛行があれば、それを「日米合意違反だ」として糾弾・追及することができるようになりました。以後、この日米合意を根拠に、自治体や住民の行動が進められていきます。

　それは、日本の国土と国民を守るという、あまりにも当然の運動であり、やむにやまれず、米軍の横暴に歯止めをかけるため世論を広げることをめざすものといっていいでしょう。そして、この運動を進める上で大事なのは、「米軍機は高度何メートルを飛んでいるか」という事実を明らかにすることでした。

「事実で迫らないといかんのです」──広島から始まった住民と自治体との連携

　米軍機の低空飛行をただちに中止させたいと願い、各地で住民と自治体は連携を強めてきました。筆者は1997年に広島市の日本共産党衆院中国ブロック事務所に勤務し、同党の、正森成二衆院議員や中林よし子衆院議員らの

国会議員、住民のみなさんとともにこの問題を追及してきました。

　自民・保守系の地盤とされる、広島県北の18自治体と住民で「米軍の低空飛行の即時中止を求める県北連絡会」（藤原清隆会長＝元君田村長。君田村は市町村合併により、現在は広島県三次市に）が1997年6月に結成されていました。

　筆者が「県北連絡会」副会長の増田邦夫芸北（げいほく）町長を町長室に訪ねたのは1999年6月11日のことです（芸北町は合併により現在は北広島町）。増田町長は「住民の安全といのちにかかわる問題です。理念ではなく、事実で迫らないといかんのです」と、強調されました。「思想信条が違っても、事実なら受け止めてくれるから」と。歓談中も、爆音を聞くや、ポケットから手帳を取り出して、時刻と爆音の方向、機数や特徴などをメモし、職員にてきぱきと指示も出す、気骨ある町長でした。マスコミの取材を受けるたびに「プロのみなさん。ぜひ証拠画像や動画も」と励まし、自らも米軍機の動画を撮影していたほどでした。以来、低空飛行解析センターの合言葉は「事実で迫る」なのです。

「全国知事会の提言」で画期的前進

　当時から数えて20年以上、さまざまな運動があり、それはあとで紹介しますが、その間に着実に世論は広がっています。2018年7月27日に札幌市で開かれた全国知事会議では、日米地位協定の抜本改定を含む「米軍基地負担に関する提言」を全会一致で採択しました。全国知事会が日米地位協定の改定を提言するのは初めてのことであり、大きな出来事でした。故・翁長雄志（おながたけし）沖縄県知事の要望が実現したものです。

　全国知事会の提言は、日米安保条約を容認しながらも、在日米軍や基地の存在が地域や住民生活に脅威となっているという角度からのものです。それは、（1）米軍の低空飛行訓練ルートや訓練を行う時期の速やかな事前情報提供、（2）日米地位協定を抜本的に見直し、航空法や環境法令などの国内法を原則として適用させること、（3）事件・事故時の自治体職員による迅

速で円滑な基地立ち入りの保障、（４）騒音規制措置の実効性ある運用、（５）米軍基地の整理・縮小・返還の促進――を求める内容でした。

米軍基地負担に関する提言　全文

　全国知事会においては、沖縄県をはじめとする在日米軍基地に係る基地負担の状況を、基地等の所在の有無にかかわらず広く理解し、都道府県の共通理解を深めることを目的として、平成 28 年 11 月に「米軍基地負担に関する研究会」を設置し、これまで 6 回にわたり開催してきました。

　研究会では、日米安全保障体制と日本を取り巻く課題、米軍基地負担の現状と負担軽減及び日米地位協定をテーマに、資料に基づき意見交換を行うとともに、有識者からのヒアリングを行うなど、共通理解を深めてきました。

　その結果、

①日米安全保障体制は、国民の生命・財産や領土・領海等を守るために重要であるが、米軍基地の存在が、航空機騒音、米軍人等による事件・事故、環境問題等により、基地周辺住民の安全安心を脅かし、基地所在自治体に過大な負担を強いている側面がある。

②基地周辺以外においても艦載機やヘリコプターによる飛行訓練等が実施されており、騒音被害や事故に対する住民の不安もあり、訓練ルートや訓練が行われる時期・内容などについて、関係の自治体への事前説明・通告が求められている。

③全国的に米軍基地の整理・縮小・返還が進んでいるものの、沖縄県における米軍専用施設の基地面積割合は全国の 7 割を占め、依然として極めて高い。

④日米地位協定は、締結以来一度も改定されておらず、補足協定等により運用改善が図られているものの、国内法の適用や自治体の基地立入権がないなど、我が国にとって、依然として十分とは言えない

現況である。
⑤沖縄県の例では、県経済に占める基地関連収入は復帰時に比べ大幅に低下し、返還後の跡地利用に伴う経済効果は基地経済を大きく上回るものとなっており、経済効果の面からも、更なる基地の返還等が求められている。

といった、現状や改善すべき課題を確認することができました。

米軍基地は、防衛に関する事項であることは十分認識しつつも、各自治体住民の生活に直結する重要な問題であることから、何よりも国民の理解が必要であり、国におかれては、国民の生命・財産や領土・領海等を守る立場からも、以下の事項について、一層積極的に取り組まれることを提言します。

　　　　　　　　　　　　記
1　米軍機による低空飛行訓練等については、国の責任で騒音測定器を増やすなど必要な実態調査を行うとともに、訓練ルートや訓練が行われる時期について速やかな事前情報提供を必ず行い、関係自治体や地域住民の不安を払拭した上で実施されるよう、十分な配慮を行うこと
2　日米地位協定を抜本的に見直し、航空法や環境法令などの国内法を原則として米軍にも適用させることや、事件・事故時の自治体職員の迅速かつ円滑な立入の保障などを明記すること
3　米軍人等による事件・事故に対し、具体的かつ実効的な防止策を提示し、継続的に取組みを進めること
　　また、飛行場周辺における航空機騒音規制措置については、周辺住民の実質的な負担軽減が図られるための運用を行うとともに、同措置の実施に伴う効果について検証を行うこと
4　施設ごとに必要性や使用状況等を点検した上で、基地の整理・縮小・返還を積極的に促進すること

　　　　　　　　　　　　　平成 30 年 7 月 27 日　全国知事会

「住民のいのちと安全を守る」は、そもそも地方自治の本旨です。目の前で起きている、米軍機の危険な飛行ぶりを、自治体が容認できるはずはありません。
　上記の全国知事会の提言では、とても控えめな表現ですが、「住民の安全安心を脅かし、自治体に過大な負担を強いていて、訓練ルートや訓練が行われる時期・内容などについて、関係の自治体への事前説明・通告を」としています。これはあまりにも当然なことです。

第２章　無法な実態に
　　　　　「事実で迫る」解析の手引き

私たちが住む社会では、何か事件がおきると、ふつうは現場で捜査がはじまり、証言や証拠が集められます。犯罪の場合は、犯人や「有罪」となる結論の正当性を、科学的な分析結果によって証明するのが現代でのやり方です。警察の鑑識課とか科学捜査研究所の活躍が、テレビ番組によく登場しますね。

　低空飛行訓練においても、この点は似ています。米軍が低空飛行を認めること自体、ごくまれですから、住民側が、証言や証拠画像をもとに高度を解析することはとても大切な作業になります。まずはわかりやすくするために、米軍機をカメラで撮影した場合の例でごくざっくり解析のしくみを言うと、次のような感じです。

　高度解析のためには、米軍機を撮影したカメラなどの正確な位置（緯度と経度）を確認し、さらに米軍機が写っている場所（撮影者から見た方角や見上げた仰角）を確認することが出発点です。これによって、カメラと米軍機の間の距離を割り出すことが可能な場合があるからです。撮影者や米軍機の写っている場所を正確に確認するためには、測量技術が活躍します。

　カメラと米軍機の距離がわかれば、まず、三角関数を使ってカメラからの高度は計算できます。そして、撮影時の米軍機の正確な位置（緯度と経度）、およびカメラからの高さを、正確な地図の上に置いて見れば、その位置における米軍機の地表からの高度（対地高度）が割り出せます。正確な地図は、国土地理院という行政機関が提供してくれます。

　以下、まず高度解析の原理をもう少し詳しく説明するとともに、そこで活躍する測量や国土地理院の地図の使い方なども紹介しながら、高度解析の実際をご説明しましょう。

1　「対地高度に迫る」その原理

　民間機で使われている精密高度計は、機体の外側の気圧を測定して高度を

図 2-1　機体の距離と角度

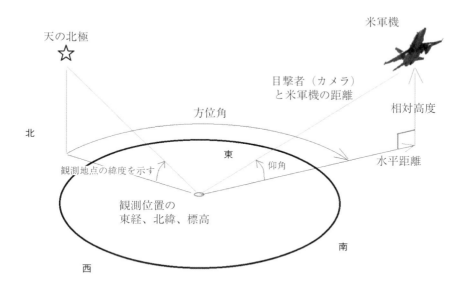

表示しています。離着陸するときには、地表に向けて電波を出し、電波がはね返る時間の差から高度を出しています。

　精密機器など持っていない、地上にいる住民は、どうしたら機体の高度がわかるのでしょうか？

　目撃者がいる場合、見たときの水平方向の角度（方位角＝真北が０度）と、見上げた角度（仰角＝水平が０度）はある程度、記憶できます。その記憶を再現する場合の正確さは一様ではありませんが、測量機器を覗いてもらうことでそれなりの正確さに迫ることができます。また、カメラで米軍機を撮影できると、その画像から方位角と仰角とも確認できる場合があります。

　大事なことは、米軍機が目撃者（カメラ）からどれくらい離れていたか、その距距が正確にわかれば、目撃（撮影）の角度に基づき、飛行高度も位置も、計算でわかるということです。これには三角関数を使います。

　証拠の画像から高度を推定するために必要な位置、距離や角度などは、図

第２章　無法な実態に「事実で迫る」解析の手引き　29

2-1のようになります。
　なお、天の北極というのは地球の自転軸を北側にのばして天球と交わった点です。こぐま座の北極星近くにあります。地上のある地点から見上げたその仰角は、その場所の緯度に等しくなります。天の北極は方位角を求める基準になります。

カギは「三角形の相似」＝中３の数学
　米軍機との距離がわかり、仰角と方位角がわかれば高度がわかると書きました。この距離のなぞを解くカギは、中学３年でならう「三角形の相似」です。米軍機を撮影できた場合の例でその基本を説明しましょう。
　２つの図形が拡大・縮小の関係になっているとき、２つの図形は「相似」といいます。辺の長さの比が等しく、角がすべて等しいことが条件です。
　図2-2のように、カメラのレンズ（正確には主点）を共通の頂点にした三角形（残る二つの角は機体と実像の機首と最後尾）の相似を考えると……、
　「距離／焦点距離＝機体の全長／実像の大きさ」という比率の関係が見えてきます。
　知りたいのは「目撃者（カメラ）と米軍機の距離」ですから、全長と実像サイズとの比率、レンズの焦点距離とで、距離を求める計算式を考えます。

　　カメラとの距離＝レンズの焦点距離×米軍機の全長÷実像の大きさ

で求められます。この式が使っている言葉を説明します。
　「レンズの焦点距離」は、カメラの内部、レンズの中心から撮像素子（後述）までの距離です。これはカメラのメーカーが公表しています。
　「米軍機の全長」は、米軍機メーカーが公表しています。見かけの「機体の長さ」（角度。コラム参照）が、撮影画像には記録されています。撮影時の機体の姿勢はいろいろで、米軍機を真横から写した写真なら全長の何％かの長さでその像が写っているでしょうが、機体の姿勢がいろいろですから、そ

図 2-2　距離と実像の大きさ

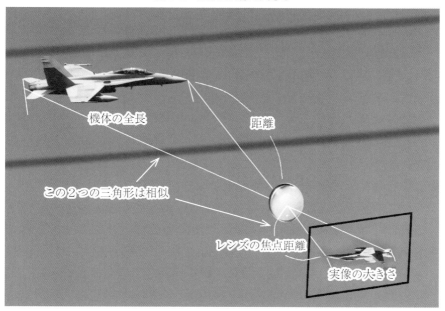

の見かけの大きさと全長との関係をどう整理するかは一つの問題です。それは 2 節で説明しますが、ともかくメーカーが公表しているので機体の正確な長さがわかるということを覚えておいてください。

コラム　長さと角度で表す

　本文で「見かけの『機体の長さ』(角度)」と書きました。大きさを角度で表すというのは、離れた場所に見える 2 つの点それぞれと、見ている人を結んだ 2 本の直線が見ている人のところで交わる角度によって、その 2 つの点の間の距離を表すということです。

　目の良い人の視力は 2.0 とされます。視力検査表のいちばん小さな「C」の切れ目の隙間は、1 分角相当とされています。角度の 1 度の 60

分の1という狭さです。目のレンズと視細胞のきめ細かさを示す、この解像力には個人差があります。
　　月や惑星などの遠くのものは、見かけの大きさを「視直径」で説明します。天体の見かけの直径を天球上の角度で表現した値（『天文学辞典』）です。満月の視直径は角度で1度の半分、約30分角です。1分角が数十個は並ぶ感じでしょうか。もっと小さな月面のクレーターまでは見分けられなくても、ウサギの模様は見えるわけです。

　「撮像素子」は、デジタルカメラ内にあるイメージセンサーなどとも呼ばれる部品で、半導体でできたフィルムのようなものです。つまり被写体がそこに再現されていると思っていただければ結構です。そこには画素とよばれる最小単位が集まっていて、その画素の大きさはカメラによってさまざまですが、そこに写っている像の大きさは、その画素の数を数えれば知ることができます。撮像素子の画素のサイズは大変小さいのですが、像の大きさを正確に知るために大切な数値です。もちろんレンズに、収差やゆがみなどがないことも重要です。
　こうしてみると、ある程度公表されている数字をもとに、相似の図形を仮想することで、焦点距離の何倍かにあたる「目撃者（カメラ）と米軍機の距離」を計算するだけです。単なる比率計算であり、そこまで難しくないと思いませんか？　ただし解析の実際はもう少し手間がかかりますので、あとのお楽しみに。ここではもう少し、原理に関する話におつきあいください。

三角関数で高度と位置

　2つの辺が直角をなす直角三角形の性質は中学校の数学で習います。それと関係する三角関数は高校の数学で習います。三角関数は建築や土木、測量・測地では必須とされる数学の「道具」です。樹木の高さや川幅を推測するなど、暮らしに役立っています。
　三角関数は「角の大きさと線分の長さとの関数の総称」とも言われます。

もう少し具体的に言えば、直角三角形の場合に客観的に決まる、「角度と辺の長さの関係」を示したものといってもいいでしょう。三角関数、つまりSin（サイン・正弦）、Cos（コサイン・余弦）、Tan（タンジェント・正接）は、直角三角形の3つの辺がつくる角度がわかっている場合、それによって一意的に決まる辺の長さを求めることができるツールなのです。約2600年前、ギリシャの哲学者タレスが、ピラミッドの高さを計算し、エジプトの王様の度肝を抜いたことが、三角関数の始まりだといわれています。私たちは、三角関数を使って、米軍機の高さを確かめたいわけです。

　もう一度、図2-1「機体の距離と角度」（29ページ）を見てください。米軍機の真下の地点が、直角三角形の直角部分になり、目撃者（カメラ）と米軍機との距離は斜辺で表されることになります。画像解析計算で得られる「カメラとの距離」と、機体を見上げた時の「仰角」とで、次のようにすれば、「カメラからの高度」ならびに「カメラからの水平距離」を得ることができます。

　目撃者（カメラ）と米軍機の距離×Sin 仰角＝カメラからの高度
　目撃者（カメラ）と米軍機の距離×Cos 仰角＝水平距離

　以上をまとめると――。画像解析は、まず目撃（撮影）者の位置の確認から始まります。米軍機の水平方向（方位角）と垂直方向（仰角）の二つの角度を確かめます。さらに「相似」の性質を利用して「米軍機までの距離」を求めます。ここまでできれば、あとは三角関数を用いると、水平距離と高度がわかる――ということになります。一番知りたい「高度」への最初のカギは「目撃者（カメラ）と米軍機の距離」です。

2　画像で距離を解析

　レーダーは、電波を飛ばして、戻ってくる時間で対象物との距離を求めています。最新の測量機材・トータルステーションには、レーザー光線を発し

て、戻る時間差で距離を確かめる機能が付属しています。ただ、トータルステーションは高価でふつうの目撃者は持っていません。だれでもできる方法が本書で説明している「画像解析法」なのです。

　遠くにあるものは小さく見え、近ければ大きい——。この当たり前のことを米軍機に当てはめて、「距離のなぞ解き」をします。デジタルカメラが測量機材みたいに大活躍します。

機種の特定と姿勢の考察

　昔の人気ドラマの冒頭に、「空を見ろ！」「鳥だ！」「飛行機だ！」「スーパーマンだ！」というのがありました。飛んでいるものの形や大きさがわかるから、「人が飛んでいる」と認識できたのですね。「低空飛行解析」の場合も、飛んでいるものが、鳥なのか飛行機なのか、形がわかることが、距離や対地高度を知るうえで、とても大切です。

　証拠の画像が撮影でき、続いて距離を求める前に、必ず米軍機の機種の特定をします。米軍機の形はメーカーが公開しており、詳しい人が見れば機影の形から特定できます。機種がわかれば、正確な大きさがわかります。写真がなくても、目撃証言から飛行高度などを推定できるときもありますが、ふつうの場合は、機体のさまざまな姿勢での、見かけの大きさを判定する作業から始まります。

　飛んでいる米軍機を真横から撮影した画像なら全長相当が何画素あるかを確認すれば、そこから図2-2の考え方にもとづいて米軍機までの距離を割り出せます。

　ただ、実際には、米軍機はいろんな向きで写真に写り込んでいて、たいていはななめ向きですから、そのななめの度合いを考慮に入れて判断することが大切になります。

　高度解析を始めた当初は、実物を正確に縮めた模型をつくり、写っているのと同じ見え方を手元で再現して、そのときの角度を分度器で測定して、斜めの度合いをふまえた「全長」や「全幅」を割り出していました。さて、機

種ごとに模型をつくる？ 楽しい作業？ いやいや大変ですよね。作業を単純化して、ななめの度合いの判断や測定を省く方法を考えました。

「やさしい数学」と「楕円」で解析

ここでは「やさしい数学」を使います。米軍機の機体に合うように、図形の「楕円」を当てはめて、元の直径を推測して距離を割り出す、という作戦です。「楕円」は高校の数Ⅲで習う図形で、その定義は「二つの定点からの距離の和が一定な点の軌跡」です（図2-3）。惑星など天体の軌跡は楕円です。押しピン2つにつないだ糸をピンと張って回すと描けます。

「円」「三角」「四角」といった図形は、部屋を見回すと、たくさん見つかります。さて「楕円」はどうでしょうか。丸いお皿を食卓に置いて、少しななめ上から見てください。「楕円」に見えませんか？マンホールのふた（直径約70cm）も、ななめから見れば「楕円」です。周囲を見回すと、どんどん「楕円」が見つかることでしょう。こうしてみると、「楕円」もありふれた図形ですね。

自転車の車輪は、真横なら「円」ですが、少しでも向きが変わると「楕円」に見えてきます。36ページの写真を見て下さい。「楕円」の最大

図2-3 楕円は2点からの距離の合計が同じ点の集まり

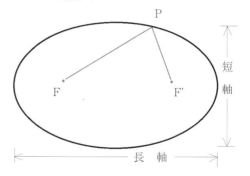

斜め上から見たマンホール

自転車の前輪は向きを変えたら「楕円」に見えるが最大径は変わらない

径を「長軸」といいますが（長軸と短軸については図2-3参照）、円に見える車輪が、向きが変わってななめに見え、楕円に見えるようになっても、「長軸」は車輪の向きを変える前の、元の「円」の直径と同じです。

ここがカナメです。自転車のハンドルで向きを変えていくと、真横近くでながめている人から見ると、だんだん楕円が薄っぺらに見えていきます。でも、車輪の最大径「長軸」の長さは変わりませんね。これがさまざまな向きの米軍機の「全長」または「全幅」（ここでは主翼の両端を結んだ距離という意味で「全幅」という言葉を使っています）を推計するのに便利な特徴なのです。「長軸」と「短軸」の比率は、ななめの度合いを示してくれます。

ではこの話が米軍機となぜ関係するのか。それは米軍機を「円」に見たてる（仮想する）と、その直径が米軍機の全長などの大きさを示してくれるからです。仮想した「円」が、米軍機の姿勢によって様々な「楕円」に見えたとしてもその楕円から本来の円の直径つまり米軍機の大きさを割りだせば、33ページでやった比率計算が可能になり高度を知ることができるのです。

さて、米軍機のプラモデルを目の前に置いて、くるくると回し、それを真上から見てみます。機首、尾翼、左右の主翼の4つの先端が、でこぼこしながらも、ほぼ円形を描きます。

機体の主軸方向と主翼の方向は、必ず直角に交わっています。実際の交点は重心にあわせて前後にずれていても、2つの方向は直交しているのです。

そこで、短い方の翼の大きさ（上記の全幅）を「全長」と同じ長さまでのばし（F35Bという戦闘機の場合は全幅を1.46倍とすると全長と同じ長さになる）、機体の真ん中へ主翼をずらして、それと全長とが交わる交点を中心にくるくると回すと、コンパスで描いたように、「全長」を直径とするきれいな円になります（図2-4）。

たとえば自転車の前輪に合わせて、米軍機を真上から撮影した写真や平面図（図2-4の左のような）を引き伸ばして、のりやテープで張り付けてやり、ハンドルをまわせば、当たり前のことですが、この米軍機の写真は、自由自在になめから見た時の見え方を再現できます。この時、米軍機に当てはめた前輪は、いろんな角度の楕円形に見えていきます。頭の中での再現実験ですが、この楕円を調べれば米軍機の大きさがわかるということなのです。

米軍機の画像をもとにして、自転車の前輪のように、円をあてはめ、機体の見えた姿勢に合わせて楕円形とみなして解析し、その最大径＝長軸を求める計算で、目撃者（カメラ）との距離が判定できることになります。機体の種類により、全長と全幅との比率が違うので、円を考える時に機体ごとに計算する手間が必要になりますが、こうすれば、プラモデルまで作ってなめの度合いを判定する作業は省略できます。

図2-4　戦闘機を円だと仮想するために

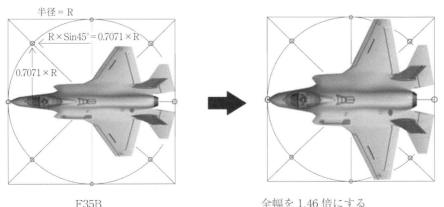

F35B　　　　　　　　　　　　全幅を1.46倍にする

さて、オスプレイやヘリコプターの場合はどうしましょうか？　正確に長さがわかっていて、直交する部分に注目して円を想定して計算しています。オスプレイの場合は画像からローター径が判定できれば、そのまま距離計算できますが、筆者は、二つあるローターの軸間の距離と全長に注目して計算しています。

　楕円解析には、うまみがもう一つあります。米軍機の画像に当てはめた楕円の短軸と長軸の比率は、ななめに見た度合いです。米軍機が水平飛行状態なら、このななめの度合いは、見上げた時の角度、つまり仰角と同じになります。仰角を証拠づける地上の指標が画像に映り込んでいない場合でも、対地高度を推測する判断材料にできます。

米軍機の画像を楕円に見立てる

　さて、では米軍機の画像をどのように楕円に見立てるのでしょうか。実は、「楕円方程式」を利用すれば全長を計算できるのですが、イメージ的には「円に外接する正方形」というものを考えます。

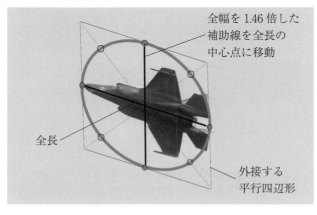

図 2-5　岩国基地所属の米軍 F35B の画像（戸村良人さん撮影）から楕円を仮想する。全幅を 1.46 倍した補助線を全長の中心点と交わる点に平行移動するとその先端は楕円上に位置する

円をななめから見ると「楕円」になるわけですが、正方形をななめから見ると平行四辺形になります。そう、画像の上に仮想で描く楕円には平行四辺形が外接するわけです。後で出てきますのでこの

ことを覚えておいてください。

　さて、実際の作業ではパソコンを使います。画像の中の米軍機の大きさ（画素数）は、ウィンドウズのアクセサリー「ペイント」で知ることができます。「ペイント」を起動し、米軍機の画像を開いて、米軍機の機首にマウスのポインターの先端を合わせると画面左下の枠に座標値が表示されます。左がx、右がyです。次に最後尾の位置を探します。左右両尾翼の最後部位にポインターの先端を合わせ、両座標値を読み、平均値（尾翼後部中点）を最後部の位置とみます。機種と最後部の座標をもとに、全長相当の画素数を求めます。ななめの直線ですから、横の長さx、縦の長さyから$\sqrt{x^2+y^2}$と計算し（中学で習う「三平方の定理」の応用です）、機体全長の画素数を得ます。

　機体の全長を示す機首と最後尾の両端からの長さの中央に位置する座標を原点にして、全幅を全長との比にあわせて図上で延長します。ななめに交わる仮想の十字架が描けます（図2-5）。

　十字架の先端4つを全長・全幅の先端に相当する4点と考え、これらを通る楕円を描けば、その楕円の最大径（長径）が機体の本来の全長を示します。37ページの図2-4でわかるように、全幅を1.46倍まで引きのばすと、F35Bは計算のための「円」にちょうどはめ込まれます。図2-5は、この円（図2-4の右）をななめ下から見上げていることになります。

　　　注：ちなみに、たとえばななめに写っているF35Bの「見かけの全長・全幅」について、比率は、全長15.6m÷全幅10.7m＝約1.46倍です。3桁の精度です。距離も高さも位置も3桁の精度が期待できます。ところが、正確に測量しても対地高度の精度は、証拠の画像の画質次第なのです。小さな画像の場合だと、例えば40画素程度なら、画像の読み取り作業を丁寧に行い、「誤差は±1画素以内だ」と自信が得られても、全体の精度は40分の1になります。2桁の精度です。米軍機までの距離が400〜4000mの場合だと、距離の誤差は±10〜±100mの幅が生じます。解析する対地高度の結果にも影響が出ます。誤差を小さくするため、証拠の画像での座標値読み取りは、

いっそう大切な作業になります。望遠レンズだと画像の撮像面上の位置による相対的な違いは無視もできますが、レンズの焦点距離が短いと、撮像面の中央部なのか、画像がゆがむ周辺部なのかによって、全長・距離の解析結果が微妙に違ってきます。つまり地図上の位置も高度も違ってきます。
　ゆがみが無視できないほど大きいのが広角レンズで撮影したときの、レンズの光軸から離れた撮像面周辺部での米軍機の場合です。こうした場合に補正計算をしますが、本書では、繁雑になるためその解説は省略しています。

　さて、米軍機を円に見たてるために、そのななめの画像から楕円を見たてています。先ほどそれは「十字架の先端４つ……を通る楕円」と書きましたが、ただし４点がわかっただけでは楕円は定まりません。米軍機の画像から仮想した、ななめに交わるこの十字線の４つの先端を通る楕円は、たくさんつくることができるのです。試しに描いてみていただければわかりますが、この４点を通るというだけなら、ひしゃげたものからより真ん丸に近いものまでいろいろと描くことができるはずです。その中から米軍機を仮想した楕円を決めないと、その長軸の長さもわかりませんから、数学的に１つの楕円に絞り込む作業をするのです。
　ここで38ページでふれた平行四辺形を思い出して下さい。そう、楕円に外接するような平行四辺形です。図2-5をもう一度ご覧下さい。
　米軍機の画像から仮想した、ななめに交わる十字線のそれぞれを、左右上下に平行移動させ、全幅の線は機首と水平尾翼の左右中央点とに接するところ、全長の線は主翼の両先端に接するところに描くと、平行四辺形が描けます。この四辺形の４つの頂点から原点（十字線の交点）を通る線を引くと、それは平行四辺形の対角線になります。これが楕円に外接する平行四辺形で、楕円はここで一つに決まるということになります。作図された楕円形の最大径を示すのが長軸です。

コラム　楕円を決める５点

　ある楕円の円周が４つの点を通るというだけでは、くだんの楕円が決まらないと本文で書きました。数学的に解くにはどうするのでしょうか。

　まず、半径Rの真ん丸の円と、その円に外接する正方形を考えます。さらに正方形の４つの頂点から円の中心を通る対角線を２本引きます。すると、中心から上下左右にそれぞれ半径Rの$\sqrt{2}$分の１離れた位置に相当する４点を円周は必ず通ります。三角関数を使って表現すると、対角線上の中心から上下左右にSin45度ぶん、つまり0.7071×Rだけ離れた、合計４点の座標値が得られます（図2-4の左）。

　「円に外接する正方形」で考えた、対角線上の４点の位置関係は、円を変形した楕円においても、そのまま引き継がれます。十字の先端の４点と追加の４点のあわせて８つの座標値にもとづいて、連立方程式が得られます。これで楕円は一意に定まります。

　４つの点だけでは楕円の形が決まらないということは、数学的に言えば、その４点の座標だけでは楕円方程式が決まらないということを意味しています。この場合、なぜ座標数が不足するのかは式の係数の数に関係しています。楕円の方程式の標準形は$x^2/a^2+y^2/b^2=1$ですが、これは$Ax^2+Bxy+Cy^2+Dx+Ey+F=0$で表せます（ただし、$B^2-4AC \leq 0$）。

　この式の係数はA～Fの６つです。機体の機首―尾翼、主翼の左右両端の４点の座標値だけでは、なぞ解きに不足します。そこで、画像から読み取った４点をもとに、ななめの位置関係にある４点の座標値を計算で追加します。必要な数の連立方程式がそろうので、不明の係数はすべて解明できることになります。（連立方程式は中学で習います）

　以上の説明は原理を理解していただくためのものでした。実際には、画像から読み取った４点（ななめの十字の先端４つ）について楕円の中心＝全長・

5		F35B				全長	15.6	翼長	10.7	全高	4.36
6	座標値	座標値	座標値	座標値				座標値	座標値	補正率	1.457944
7	機首X	尾翼RX	尾翼LX	尾翼YX	機体長X	機体中X		右主翼X	左主翼X	差分X	
8	機首Y	尾翼RY	尾翼LY	尾翼YY	機体長Y	機体中Y	機体長pix	右主翼Y	左主翼Y	差分Y	
9	1465	3963	3947	3955	-2490	2710	2622.642	3339	3283	56	81.64486
10	1528	2515	2188	2351.5	823.5	1939.75		2969	1244	1725	2514.953
11											
12											
13	座標値=機体中原点										
14	機首X	尾翼RX	右主翼X	左主翼X		仰角		方位角	カメラ標高		
15	機首Y	尾翼RY	右主翼Y	左主翼Y		20.5	°	50	3	m	
16	-1245	1245	40.82243	-40.8224		2982.569	相対高度		機体標高		
17	411.75	-411.75	-1257.48	1257.477			147.6864	m	150.686	m	
18							水平距離				
19							395.0052	m			
20	作図用X	作図用Y	0.70711	45° 位置							
21						2982.569	pix				
22						0.003721	sise/pix				
23	-1245	411.75				300	F/mm				
24	40.82243	-1257.477									
25	1245	-411.75				15.6	全長(m)				
26	-40.82243	1257.4766									
27	-909.2179	1180.3268	-1285.82	1669.227		421.7112	距離(m)				
28	-851.486	-598.0218	-1204.18	-845.727							
29	909.2179	-1180.327	1285.822	-1669.23							
30	851.486	598.02176	1204.178	845.7266							

楕円方程式をもとに計算を加えて機体各部分の座標を求める。左下の太枠内が楕円周上の8点（表計算ソフトを使った著者のファイルより）

全幅の交わる点を原点として、4つの座標を決めると、計算によって、計8点の座標値が得られます。筆者が楕円方程式をもとにつくっている表計算ソフト（エクセル）に4つの座標を入力すると、上の写真のように楕円の各座標を割りだせます。画像の中に楕円を仮想できれば、その長軸が画像の中の米軍機の全長であり、図2-2で説明した相似という考え方から「米軍機とカメラとの距離」を割り出すことができます。

　距離については、これでまず一段落です。機体までの距離がわかったら、次はその位置です。地図との照らし合わせ作業に進みますが、そのためにはカメラの位置と仰角・方位角がどうしても必要です。その数値をもとに地図で確かめ、機体直下の鉄塔や建物などとの様子から、米軍機の対地高度解明へと進みます。これは測量もした方が精度が上がる作業ですので、次に節をあらためて説明しましょう。

3　仰角と方位角を測る

　米軍機の位置を確認するうえで、まず大切なのはそれを目撃した人（カメラ）の位置です。位置を知る方法でよく知られているのは、カーナビでおなじみの GPS です。Global Positioning System（全地球測位システム）の略称で、複数の測地衛星からの電波を受けて、位置をもとめます。

　でも、「目的地周辺です」と、カーナビが案内を終えるのは、誤差が約 30m と大きいですね。スマホなどでは誤差は約 3 m とされます。カーナビよりは高精度なので、参考にはできます。が、高度が大きな問題になる場合は、現地で正確な測量を行うことが大切です。国土交通省によると、衛星測位システム（GNSS）の精度は、電子基準点と照合するなどして、位置の誤差は 2 cm 以内という高い精度です。

　衛星測位システムをになう GNSS 衛星には、QZSS（日本）、GPS（アメリカ）、GLONASS（ロシア）、Galileo（EU）等があります。日本の QZSS（「みちびき」）は、日本の上空に長く滞在する準天頂軌道の衛星が主体となって構成され、2018 年 11 月から 4 機運用されています。

　日本の「みちびき」は、CLAS（シーラス　Centimeter Level Augmentation Service)、つまり「センチメータ級測位補強サービス」を提供していて、国内なら誤差数 cm の精度で位置情報が得られます。精度が高いほど、調査の結果は国境を越えて通用します。

　この位置情報を利用して目撃者のカメラ（あるいは目）の位置を、北緯・東経・標高まで正確に把握することが第一の作業です。筆者たちの使っている機材では水平方向で 2 cm、垂直方向で 3 cm の誤差で位置決めが可能です。

　この位置決め作業、建築現場では、真北計が使われたりします。これは日時計の仕組みを逆利用して、正確な時計と組み合わせ、太陽の日陰の方向との比較で真北を確かめています。測量用のトータルステーションと正確な時

計を組み合わせて、真北を知ることもできます。磁石を利用したコンパスでは、西方偏角ぶん（49ページ参照）を差し引いて真北を知ることができます。ただし周辺の磁気の影響を受けるおそれがあります。最近はGPS機能を利用して、スマホでも真北を知ることができるようになりました。正確な方位角は天体観測にもとづくのですが、低空飛行解析センターでは、GPS測量で確かめています。目撃者の位置、さらには米軍機の位置も、正確に知るには、正確な方角がわかる必要があるのでこうした作業は大切です。

コラム　北はどっち？

　測量チームが現場に到着して最初にたずねることは「北はどちらですか？」になります。太陽が見えていれば、反対がおよそ北方です。磁石・コンパスでもわかります。正確な時計があれば、短い針の方向と12時との間の半分が真南ですから、その反対方向になります。スマホのGPS機能で北を示すことも可能です。正確には地球の自転軸に平行な方向の確認なので、天体測量の世界に入ってしまいます。

　現場ではどうしているか。目撃者の位置は必ずGPS測量します。続いて、少し離れた場所もGPS測量します。このふたつの地点をもとに、国土地理院のページで方位角の計算ができますから、測量当日は、正確な方位角はわからなくても、あとから補正計算して、正確な方位角を知ることができ、さらには国土地理院地図との照合で、米軍機の地図上の位置がわかっていきます。

　この第一の位置確認作業では、証拠の画像に写り込んでいる風景や指標物の見え方が、ピタリと一致する水平位置に立ってみます。目撃者（カメラ）の目の高さも重要ですから、踏み台や脚立などを用意して見え方を確認することもあります。

　第二の作業は、目撃（カメラ）の方向の確認です。その位置から、北を0

度とした時計まわりの方位角、水平を0度として見上げる仰角を判定していきます。最後に国土地理院の地図で照合して対地高度を判定しますから、米軍機までの距離とともに、方位角と仰角の二つの角度は重要な測定数値になります。現場での測量のときに、米軍機が調査チームの前で再現飛行をしてくれることは絶対にありませんから、証拠画像内の米軍機の位置に近い指標物の方位角と仰角とを測量して、証拠画像と照合して角度差を計算し、米軍機が見えた角度に迫っていきます。

　証拠の画像は位置関係の正確な角度を記録しています。建物や山の頂上など米軍機になるべく近いもの、時間が経過しても位置が動きにくい指標を選び、それらの方位角と仰角とをそれぞれ測定していきます。

　証拠画像がない場合は、目撃者の記憶に頼ることになりますが、強烈な爆音のためか、おおむね米軍機が大きく見えるようです。「のばした手の指で、何本くらいでしたか？」などと尋ねたり、機体が指標物と重なった方向を測定するなどして、正確さを追求する努力をします。

　デジタルカメラの画像だと、撮像素子は各画素が精密に配列されていますから、画素を数えることで角度の違いがわかります。画像内の指標物との位置関係も正確にわかってきます。

　米軍機が大きく見えたら（大きく写っていたら）近いし、低いわけです。距離は画像解析で求めますが、証拠画像の威力は、客観性と正確さにあります。デジタルカメラの撮像面には、精密に正方形に配列された小さな撮像素子（画素）群がまるで方眼紙のような正確さで並んでいます。これが画像における相互の位置関係での角度の記録になります。この画素を数えると、指標から米軍機の位置が正確にたどれるのです。ただし高速移動体は微妙にずれて写ったりすることがあります。新幹線の車窓から写すと、電柱がななめに傾いていたりしますね。フィルム時代では経験しなかった、デジタル時代の事象ですが、米軍機がくっきり写っていれば、画像解析に問題はありません。

　さて仰角です。問題になる対地高度に直結する角度が仰角です。米軍機ま

での距離に、見上げた角度を考えあわせると、見上げた高さになります。水平線を0度にして、真上が90度です。米軍機が見えた水平方向（方位角）に続いて、「どれくらいの角度で見えましたか？」と尋ねる内容は、この仰角です。

　この角度だけなら、GPS測量はできなくても、手作り測角儀、大工さん用のデジタル角度計、電子セオドライトなどで測れます。糸に重りをぶら下げると、真下が地球の中心ですから、国内のどこからでも、この角度は容易に測れるのです。目測で米軍機までの直線距離が1000メートルくらいと証言されたら、仰角を再現してもらいます。もしも30度くらいの仰角だったら、目撃者より約500m高い位置を飛んでいたことになります。仰角の判定は重要です。

　いまどきのスマホは、撮影時刻も正確なうえに、位置情報も正確です。カメラのレンズの撮影条件とともに、見上げた仰角まで正確に記録されている画像もあります。ほぼ瞬時に距離や高度が推定できた事例（鳥取県日南町）もありました。

　ただ解像度はレンズの有効径によるので、スマホの画像は1眼レフデジタルカメラの高解像力にかないません。それだけ距離の精度、高度の精度が劣ることになります。動画からの解析となると、分解した静止画像の画質が低くなるので、どうしても低画質になり、位置や高度の判定に一定の幅が生じます。動画だと誤差や幅はありますが、さすがに貴重な証拠です。各地で確かな威力を発揮しました。

コラム　丸い地球を平面とみる不都合と近似

　地球は丸いので、解析作業ではすこし不都合が生じます。ふつうの生活範囲では、遠くまで平らに見えていますが、対地高度を考える場合、遠い地点なら無視はできません。これまで行った解析事例では、米軍機までの距離はおよそ3km以内でした。

平面と球面との違いを考えてみました。地球の赤道半径は約6378km（『理科年表』）です。一周すると約40075km。地球を完全な球体だと考えると、赤道上では、東西に１km離れると、経度だと360度×（１km÷40075km）ぶんの変化になります。３kmなら３倍ですから、３×360度÷40075＝0.02695度ぶんです。これはこの距離だと約70センチ。３km遠方の機体直下の地表（水）面は、約0.7m下にあることになります。対象物の米軍機の大きさと、問題にしている「対地高度」や比較基準の地形図などとの関係から、この程度ならおおむね誤差の範囲として扱っています。

　丸い地球を平面とみる不都合を考えてみます。地球は巨大な球体です。この表面での微妙な違いはだれでも計算できます。その方法は、おなじみの「ピタゴラスの定理」です。直角三角形の斜辺の上に立つ正方形の面積は、他の二辺の上に立つ正方形の面積の和に等しいという定理（広辞苑）です。そこで地球の断面に、とても細長い直角三角形を描きます。（48ページの図）

　たとえば赤道上の海面に浮かんだ船から、助けを求めている場面だとします。目の高さは海面と同じだとします。その位置からの水平目線と地球の中心方向とは直角です。地球の中心と、３km先の位置を頂点とする直角三角形ができます。この直角三角形の斜辺の長さは、$\sqrt{(地球の半径)^2 + (水平距離)^2}$で得られます。３km遠方になったぶん、地球の中心からわずかに遠くなります。ためしに計算してみてください。約0.705mとなります。

　計算では見えないはずの位置関係ですが、富山湾（魚津市）で見られる蜃気楼現象のように、海面付近の大気の温度差によって、光が屈折して見えることがあります。暑い日のアスファルトに見える「逃げ水」現象も同じ現象です。蜃気楼現象のおかげで、近づいてくる救援船が、見えてくれるかもしれませんね。

　厳密に考えると、遠方の機体の対地高度は、このように差分を加算する必要があります。解析センターでは、機種がわかるような近距離の場

第２章　無法な実態に「事実で迫る」解析の手引き

合がほとんどなので、地表面を平面として扱っています。

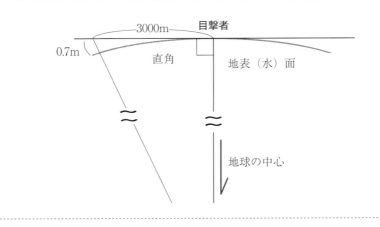

　話を戻すと、このようにカメラの位置、画像内の指標の位置を正確に確かめる作業には現地測量が不可欠です。目撃（撮影）者が見た方向、角度が少しずれたら、遠くの地点では位置が大きくずれています。正確な計測は、事実に迫るための基本的作業といえます。米軍機までの距離を、見かけの大きさ（角度）で判定する場合は、なおさら精密な角度測定が大切になります。角度を測るために便利な機材をいくつかご紹介しましょう。

　クリノメーターは、地質調査用の小型測定器です。地層の構造を測定するとき、地層面などの走向・傾斜の測定で利用されます（ルーペ、ハンマーとともに地質調査の三種の神器とも呼ばれます）。方位がわかるコンパスや水準器、仰角がわかる測角儀が付属していますので、米軍機の方位角や仰角

クリノメーターの表と裏

を確かめる時にも非常に重宝します。

六分儀は、船の位置を、正確な時計と星を見上げる角度とで確かめていた時代の測角儀です。航海では必須の測定機でした。測角精度は1度角の60分の1、1分角です。

六分儀

水平方向の角度・方位角を測る時に方位磁石を用いることがありますが、その場合は偏角を考慮に入れる必要があります。偏角は、地球の自転軸（地軸）と磁極の方向が違うために生じる現象で、磁針が示す方向の偏りをいいます。地球自体が磁石になっていることで、この偏りが生じます。日本の場合、全国で方角が西寄りに示され、「西方偏角」といいます。北海道で8〜9度、東京で7度、西日本も7度、九州地方から沖縄が5〜6度西寄りです（『理科年表』）。

高精度なら1000m先のリンゴの右左判定

くるりと1回転すると360度。1度の60分1は1分角。1分角の60分の1は1秒角です。

全長17.07mのFA-18ホーネットが1000m遠方にいるとき、見かけの全長は、角度で表すと約1度です。満月2個ぶんの大きさですね。目の良い人なら、機種を特定できるでしょうか。1000m先の米軍機の位置は、0.1度で1.7m変化します。1分角だと0.3m変化します。1秒角では5cm違ってきます。あとでも少しふれますが、高精度測角儀のトータルステーションの測角精度は1秒角ですから、1000m先に置いたリンゴの右か左かまで区別できます。

学校で使う、30cmのものさしの見え方で、距離の違いを考えてみましょう。ものさしですから、どこに置いても長さは不変です。目の前の0.5m先

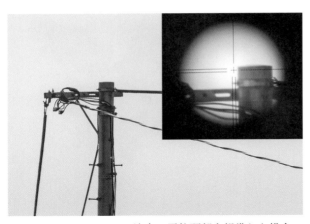

トータルステーションで遠方の電柱頭部を視準した場合の見え方（右上）

に両手で持っているとき約33.5度。5m先に横に置いたとき約3.5度。50m先に置いたとき約20分角。500m先に置いたとき約2分角。遠くなるにつれて、見かけの角度は小さくなっていきます。

おなじく米軍機も長さは不変です。見かけの大小で、米軍機までの距離を判断しますから、角度の測定・計算はとても大切な作業になります。

コラム　暮らしの中に測量

　低空飛行の解析には、測量技術が使われます。広辞苑で「測量」という言葉を調べると、①器械を用い、物の高さ・深さ・長さ・広さ・距離を測り知ること、②地表上の各点相互の位置を求め、ある部分の位置・形状・面積を測定し、かつこれらを図示する技術……とあります。

　測量とはどんな仕事なのでしょうか。秋山欣也さん〔㈱秋山測量設計＝本社・岡山県倉敷市宮前〕は、最新の測量技術の魅力と力を話しています。

　「地理情報システム（GIS：Geographic Information System）が自治体の防災やまちづくりの計画にかかわることから、公園・道路・水道などの情報を重ね合わせた地図データを電子化しています。橋や太陽光パネルなどの点検も行い、地図の有効利用のための設計までも行ってい

す。岡山県倉敷市真備町の大水害（2018年7月7日）では、災害現場の上空に小型無人機（ドローン）を飛ばし、大量の水が押し寄せている決壊現場の映像を、リアルタイムで東京の関係省庁に送るなどして、迅速な復旧対策を進める場面で役立ちました。

　この時の災害は、岡山県のまとめによると、高梁川と小田川の水位が上昇し、倉敷市真備町で8カ所の堤防が決壊。浸水面積約1200ha、全壊棟数約4600棟。浸水深が5mを超えるところもあり、死者は51人にのぼりました。

　空撮は、国土交通省認定の日本全国包括許可・承認を取得しています。画像を3次元解析ソフトと組み合わせ、人の手で実測すれば、数カ月もかかる土石流の発生状況の図面づくりも、数日以内に終わらせています。求めている精度は、RTK（リアルタイムキネマティク）を使った場合、水平方向が2cm以内、垂直方向が3cm以内です。既存の衛星測位システムから得た位置情報に、地上の電子基準点などからの補正位置情報を加えて計算し、位置情報の精度を上げる技術を活用しています。あまり目立ちませんが、いのちと暮らしを支えています」。

　こうした測量技術と機材のごく一部を応用するだけでも、米軍機の飛行高度に迫ることができます。ただし、測量専用の機材は高級車が買えるほど高価です。

測量用ドローン

第2章　無法な実態に「事実で迫る」解析の手引き

4　米軍機の位置を特定し高度を調べる

　計算で得られた「目撃者（カメラ）との距離」と仰角で、目撃者から見た米軍機の高度を明らかにするとともに、機体の方位角も測ります。やはり目撃者（カメラ）との距離から計算することが可能な水平距離に基づき、地図に照らすと、その位置の標高がわかります。すると、「カメラから見た米軍機の高度」+「機体直下の標高」-「カメラの標高」=「対地高度」がわかります。近くに高い建物や鉄塔などがあれば、「高度」にかかわりますから、その高さを調べて、「対地高度」を正確にします。

電子国土 web システムを利用、精度は慎重に
　飛行機の「対地高度」を確かめる地表の標高や様子については、国土地理院の地図を基礎として活用します。国土交通省の国土地理院は、日本では唯一の国家地図作成機関です。電子基準点や三角点の位置を決めています。米軍機の「対地高度」を確かめるためにも、必須の情報源です。計算ソフトもウェブで利用できます。

国土地理院のウェブを活用して解析を進めます。地理院地図で表現する時、水平距離と方位角が必要ですから、国土地理院「測量計算サイト」か

国土地理院の測量計算サイト

52

ら、No.2 の「距離と方位角の計算」を選びます。精度と誤差はていねいに扱います。もとになる米軍機のサイズが 4 桁の精度なら（先ほど例にあげた F35B の場合はメーカーの公表数字が全長 15.6m なので 3 桁ですが）、現地でどんなに高精度の測定をしても、結果は 4 桁の精度です。数字として信頼できるのは 4 桁までということです。証拠の画像が不鮮明であれば、「対地高度」の数値も、幅をもった数値となります。鮮明な画像であっても、機体が 100 画素程度なら、100 分の 1 の精度になります。全体の精度は、低いものに合わせて、控えめにすることが正確で安全です。

　緯度、経度から 2 点間の距離と方位角を求められます。たとえば、国土地理院の位置と、東京のスカイツリーの位置を入力すると、距離は約 50km、方位角は 209 度という具合に、ほぼ瞬時に計算されます。

　距離×Sin方位角＝東西の変化、距離×Cos方位角＝南北の変化、とみて位置を地図上で確かめることができます。このほかにも、いろんな機能があるので重宝します。米軍機の推定位置や推定高度、飛行コースを、地理院地図に表示できると、高い信頼性が得られます。

5　画像解析の実際の手順——ステルス「F35」も丸見えに

パソコンでほぼ瞬時に

　いかがでしょうか？　高度解析の原理と実際をある程度理解していただけたでしょうか。仕上げとして、解析の実際を、図 2-5（38 ページ）

戸村良人さん撮影の F35B

でも引用させていただいた戸村良人さんの画像でもう一度確認してみましょう。
　この画像は、米軍岩国基地の監視活動を続けている戸村良人さんが、2024年1月17日に、いつもの監視位置から、デジタルカメラに望遠レンズをつけて撮影した画像です。戦闘機は同基地所属のF35Bです。
　デジタル画像には、撮影条件などが記録されます。Exif情報といい、カメラのメーカー名、型番、撮影日時、ISO感度、露出、レンズの焦点距離と絞りなどが記録されています。スマホなどでは、GPS機能により、撮影位置情報や撮影仰角まで記録している場合もあります。「Exif Reeder」（フリーソフト）をダウンロードして使います。

　　「Exif情報」の実例　（戸村さんの画像）
　　　画像の名前／　IMG_4963.jpg　メーカー名／Canon　機種／Canon EOS Kiss X10　露出／1/1250秒　レンズF（絞り）値／F11.0　ISO感度／400　オリジナル撮影日時／2024:01:17 15:20:08　デジタル化日時／2024:01:17 15:20:08　レンズの焦点距離／300.00（mm）　画像幅／6000　画素（ピクセル）　画像高／4000　画素（ピクセル）　撮影レンズ／EF70-300mm　f／4-5.6

　画像処理をすると、これらのデータが消え、計算が無意味になることがありますから、必ず原画で解析をすることが大切です。
　つぎにカメラメーカーのホームページで、撮像素子のサイズを確認します。同社の同機種の仕様に、「撮像画面サイズ／約22.3×14.9mm」とあります。有効数字3桁の精度で公開していますね。この数値を信頼し、計算の基礎とします。カメラを「角度の記録装置」として活用するためです。1画素の大きさは計算で求めます。

　22.3mm÷6000画素≒0.003717mm
　14.9mm÷4000画素≒0.003725mm
　撮像素子の配置は正方形ですから、縦も横も同じ大きさのはず。そこで上

記２つの平均値、0.003721mmを採用します。

　有効数字が３桁なので、１画素のサイズは0.00372mmとして計算します。
　　　注：もしも撮像素子のサイズが公表されていない場合は、長さの正確な棒などを指標物にして、離れた位置から撮影し、撮影画像の棒の画素数を数えて「ものさし」とします。指標までの距離は、棒の位置からレンズの位置（主点）までです。

　次に米軍機の全長と全幅を示す、画像中の部位を読み取ります。座標値を得る大切な作業です。パソコンを使います。Windowsのアクセサリー「ペイント」を起動し、米軍機の画像を開きます。マウスを操作して、ポインターを該当の各部に合わせると、「ペイント」の窓の左下に２組の数字が表示されます。左がx座標値、右がy座標値になります。

　座標は、位置を特定するために、線なら１つ、面なら２つ、立体なら３つの数値を組み合わせます。学校でならう、平面のxy座標では、xが右へプラス、yが上にプラスですが、画像での位置を確かめる「ペイント」では、yは下向きがプラスになるので要注意です。この画像では、先端各部の座標値（x，y）を読み取ると、機首が〔x1465, y1528〕、右尾翼が〔x3963, y2515〕、左尾翼が〔x3947, y2188〕、右主翼が〔x3339, y2969〕、左主翼が〔x3283, y1244〕と、それぞれ座標値が得られました。この数値を表計算ソフトに入力すると、ほぼ瞬時に結果がでます。

　F35Bの全長と全幅は　製造しているロッキード社の「ファクトシート」で確認できます。

　全長51.2ft／15.6m、全高14.3ft／4.36m、翼長35ft／10.7m、水平尾翼の長さ22.5ft／6.86m。15.6m÷10.7m＝1.46倍。

　翼長（全幅）方向の座標値を1.46倍化すれば、同じ長さの十字線にもとづく「円」が想定できます。これを「空飛ぶ円盤」に見立て、画像から全長を推定する計算をしていきます。

　画素数を数えると、機首から尾翼までの全長相当は2623画素（ピクセル）です。左右両翼端間の翼長相当は1725画素です。翼の成分を1.46倍にしま

す。すると2519画素です。機体中心から、翼に平行な1.46倍に伸ばした2519画素ぶんの補助線を引きます。さらに、この補助線の傾きと長さをそのままに、機首と尾翼中心に、1本ずつ書き加えます。その上下両端を直線で結ぶと、平行四辺形になります。この四辺形のなかに収まる楕円の長軸が、機体を真横から見たときの全長相当の画素数です（38ページ図2-5）。

　ただし画像から読み取った4組の座標値だけの計算では不足します。楕円方程式の係数が一意に決まるための数学的な条件は「座標値は6組以上」です。画像から読み取れた、全長を示す機首と尾翼の左右両端、全幅を示す主翼の左右両端の計4組に加えて、別に計算して4組を追加します。

　41ページのコラムに記したように、円周は、円でも楕円でも中心から$1/\sqrt{2}$の位置を通りますから、新たに4組の座標値が計算で得られます。これで合計8組の座標値です。

　この座標値と撮影レンズの焦点距離と撮像素子のサイズを、筆者の表計算ソフトでつくった計算式に入力すれば、「全長に相当する画素数」が数学的に得られることになります。ほぼ瞬時に距離まで算出することができます（42ページの写真）。

　戸村さんの画像例では、カメラとの距離は「421.7m」になりました。この画像には仰角や方位角を示す指標物はないので、それをたしかめるために何をしたかはここでは省略しますが、たとえば仮に、カメラの位置から見上げた角度が「仰角20.5度」だったなら、米軍機はカメラよりも421.7m×Sin20.5度＝147.7m（相対高度）上空です。このカメラの標高を約3mとして加算すると、F35B（機体の中心位置）の標高は150.7mとなります。カメラの位置とは、厳密にはレンズの主点です。

　F35Bの位置がもしも海上だったら、「推定高度は150.7m」ですが、機体直下が地上なら、国土地理院の電子国土で推定位置を確認し、その位置の標高を調べます。全国どこでも、おおむね0.1mの精度で標高がわかります。もしも水平距離600メートル以内に高い建物や鉄塔などがあれば、「対地高度」から、その高さを引き算をします。航空法が定める範囲内に、かりに地

表の標高が6mの土地の上に、地表から高さ30mの鉄塔があったら、150.7－6－30＝114.7mです。その場所での航空法にふれる対地高度は約115mとなります。

注意が必要なのは有効数字と誤差です。この画像では、機体の全長相当が約3000画素という高画質なので、読み取り誤差は3000分の1という精度が期待できます。直線距離が422.4mの場合は±0.2m以下の誤差になります。画像がシャープだと、信頼性が格段に高くなりますね。

しかしこういう場合の正確さは、使っている数値のうち精度の低い方にあわせます。この事例ではロッキード社のファクトシートにある3桁を精度の基準にします。地表面は厳密には球面ですが、近距離なので平面として扱います。撮影レンズには各種の収差がありますが、ゆがみはないものとして、近似計算をします。

なお動画のデータにはExif情報は記録されません。低空飛行の証拠が動画である場合には、別に実測して撮像素子のサイズを確かめることが基本的に必要になります。

6　測定道具の進展と測角精度

48ページで道具に少しふれましたが、低空飛行の調査を続けるうちに、道具が進化しました。

2007年4月11日、EA6Bプラウラー電子戦機が広島県三次市(みよし)で撮影された直後、同一機とみられる米軍機が、約100km東の岡山県真庭市の蒜山(ひるぜん)中学校の上を北から急降下して南へ飛びました。生徒たちは大騒ぎ。日本共産党岡山県委員会が現地調査しました。福原明知さんの目撃証言から、地表高度は約54mと推定されました。同党岡山県委員会は5月18日、寄せられた証言を報告書にまとめ、県に米軍の飛行訓練中止と調査活動の充実を申し入れました。これを機に、目撃情報を詳細に聞き取る広島県の「目撃情報調査票」様式（14ページ）が、岡山県でも採用されています。

この時は、その後半年もたたず、またプラウラーがあらわれました。
　同年9月13日午後、真庭市の建設課主幹が、湯原ダムの真上を東へ飛行するプラウラーを目撃。大きさを近くの指標物（タンク）とほぼ同じだったと覚えていて、六分儀も使って測って解析すると、「ダム東の尾根から62m上空を通過」でした。日本共産党真庭市議団が県に申し入れました。
　船の位置を確かめる測角儀の六分儀は1度の60分の1、1分角の測角精度です。大工さんが使うデジタル角度計は0.1度の精度で仰角を測れます。測量機材の電子セオドライトやトータルステーションだと、さらに数秒角もの高精度で測角できます。非常に高精度の分度器と思っていただいて結構です。筆者たちも次第に、そうした機材を使うようになっていきました。

2007年、真庭市で角度計を利用する岡崎陽輔市議（左）

　電子セオドライトは、視準する方向に向けると電子的に角度が表示される測定機械です。レンズをのぞいて目標点に十字線を合わせるだけで、基準からの水平角と仰角を一瞬で表示してくれます（50ページの写真も参照）。角度は液晶で表示されるために誤読などのリスクも避けやすいものです。
　トータルステーションは、電子セオドライトと、光波距離計をセットにした測量機材です。目標点にレーザーを射出し反射して器械に戻ってきた光を解析し距離まで測れます。一台で角度も距離も瞬時

にわかるというすぐれものです。

　こうした機材を使うようになったのは2008年からで、第4章でもその様子を少し紹介します。

八幡小学校長の証拠画像に手づくり測角儀

　一方、こうした高精度の機器が使えるようになる前はどうしていたかを、少しふれておきましょう。

　2000年7月6日、広島県芸北町（現・北広島町）の八幡小学校の金田道紀校長が、低空のホーネットを撮影しました。このケースでは、身近にある道具をかかえて現地へ向かいました。

　証拠の写真は「県北連絡会」の岡本幸信事務局次長から筆者に届けられました。何度も低く飛ぶので生徒が恐れ、たまらず金田校長が校庭から撮影したものでした。貴重な証拠です。調査を要請されて、7月18日に岡本さんとともに学校へ。金田校長は、米軍機を追いかけるように校庭内を動きながら、3コマの証拠画像を撮っていました。

　この事例、実は広島の県北連絡会が初めて高度解析にとりくんだ機会でした。いまでこそ、高精度の測量を行い、証拠写真をくわしく調べ、米軍機の対地高度などを計算で割り出していますが、このときは学用品の分度器に重りをつけた急ごしらえの手製の測角儀で仰角を、巻き尺でカメラのレンズの位置を、方位は磁石で読み取っていたのです。

　この画像の撮影位置は校庭の「サッカーゴールの前」とのことでした。立って

2000年7月6日、八幡小学校上空を飛行した米軍機

手作りの測角儀

みると、校庭の樹木と電線の見え方でカメラの位置は確認できました。

米軍の FA-18 ホーネットの全長は 17.07m、全幅は 11.43m となっています。

撮影画像のサイズは 640×480 画素。カメラの焦点距離は 16.2mm。

証拠の画像は、米軍機と周囲の風景、樹木や電柱などとの角度の記録とみなすことができます。現地では、画像中の指標の①方位角と②仰角を測定しました。図 2-6 のように、指標を参考に見上げた角度を測ると 21 度でした。撮影者の位置は近くの指標からの距離を巻き尺で測定して記録しました。

米軍機全長の 10 分の 1 相当の幅 1.71m の目印（この時は掃除用のモップの柄でした）をグラウンドに設けられた野球場のバックネットに置いて、60m 離れた位置から、同じカメラで同じ条件で撮影してもらうと 51 画素相当に。1 画素は 0.009mm の正方形だと考え、これを解析の基準にしました。機体はどれだけ傾いていて、全長はどこまで縮まって見えているのか、プラモデルも作って確かめました。全長相当は 48.9 画素でした。撮像素子上では、機体全長が 0.4401mm となります。レンズを中心に相似の三角形を想定すると、

図 2-6　米軍機と他の指標との位置関係

16.2mm × 17.07m ÷ 0.4401mm ≒ 628m

さらに三角関数の Sin21 度 × 距離で計算

すると、相対高度は約225m。

画像の読み取り誤差は1画素ですから、この場合は、50分の1の精度となります。高度は220〜230mと推測できました。やはり、米軍機は近くて低かったのです。子どもたちが悲鳴を上げるはずでした。

「低空飛行はやめてほしい」と要請する増田芸北町長(左)と中林衆議院議員(中)

後日、「低空飛行はやめてほしい」という、子どもたちの作文を携え、増田邦夫芸北町長(当時・県北連絡会副会長)と日本共産党の中林よし子衆院議員が、植竹繁雄外務防衛副大臣に手渡し、真摯な対応を要請しました。

作文は、同県布野村の横谷小学校の児童たちによるものでした。

「低空飛行をやめさせてください」「すごくうるさくて勉強に集中できません。その音がこわくて、落ちてきたらどうしようと不安になります」「飛行機の通るときの音を聞くとみんなこわがります。ぼく自身もこわいです。心ぞうがふるえていました」「ひくくて、なんかたてものにあたりそうでこわいので、やめてほしいです」「ひどい日には低空飛行をしているところを5回、6回と見ることがあります」と。梶川孝司布野村長は「米軍の低空飛行訓練の先にあるものは、世界の平和を侵す戦争であり……」と、2000年の原水爆禁止世界大会で発言しました。住民の安全な暮らしのために、「訓練の即時中止」は当然の願いです。

7　あらゆる情報から解析——太陽も目撃者

広島の「県北連絡会」が初めて高度解析に取り組んだ場所である町立八幡

2010年6月22日午後3時46分ごろ、八幡小学校上空を低空飛行する米軍戦闘機

小学校で、10年後の2010年6月22日午後3時46分ごろ、また米軍戦闘機が低空飛行しました。

　芸北町は合併して北広島町になっていました。同町の消防隊で活躍している中村英信さんが、同小学校から北西へ約550mの自宅前から、25枚の証拠写真を高画質で連写しました。乗員2人のヘルメットの色まで明瞭な写真でした。日本共産党の辻恒雄県議（調査団長）を先頭に、岡本幸信「県北連絡会」事務局次長も参加して、中村さんの自宅へ向かいました。秋山欣也さんが指標などを測量しました。爆音に気づいた中村さんはカメラを手に、玄関から飛び出し、中望遠で4枚連写。どれも米軍機は鮮明に写っていました。

　事前に画像を印刷して測量にのぞんだので、米軍機とともに写り込んでいる樹木や電線の見えぐあいを確かめながら、カメラの位置を確認しました。まずカメラの位置情報を測定します。つぎに画像ごとに、米軍機がいたはずの位置に近い指標物をそれぞれの画像で探しだし、方位角と仰角とをそれぞれ測定します。電線の接続点や特異点、樹木の頂部などを高精度測量しました。測量した指標の位置から、画像中の米軍機の位置と指標間の画素を数えると、米軍機の方位角と仰角に迫れます。

　ただこの時、ある画像（上の写真）は、上下2本の電線の間にあり、目立つ指標がなくて解析が困難でした。しかし解析の結果、米軍機は小学校の上空210m前後を飛行していたことがわかりました（後述します）。

画像を見ると、米軍機の胴体上部に「VMFA (AW)-121」、機首に「15」と書かれ、垂直尾翼には「ナイト」の記章が描かれ、岩国基地所属機であることがわかりました。FA-18D ホーネット戦闘攻撃機と断定。焦点距離は 130mm、ISO200、絞りは 4.0、露出は 2000 分の 1 秒。カメラの標高は 778m です（小学校の標高は 775m）。解析すると次の通りでした。

1 枚目は距離 382.9m、仰角 36 度、相対高度 225.0m。2 枚目は距離 486.8m、仰角 25.5 度、相対高度 209.4m。3 枚目は距離 837.3m、仰角 14.3 度、相対高度 207.0m。4 枚目は距離 1145.9m、仰角 11.2 度、相対高度 213.0m。児童が校内にいる時刻に高度 210m 前後、音速に近い秒速 290m（マッハ 0.85）で飛行し

北広島町の広報紙から

図 2-7 米軍 F/A18 ホーネットの平面図と日陰の位置

たと推定もできました。

このときの証拠写真を使って、北広島町は「あなたの情報提供が止めさせる力です。米軍機低空飛行の目撃情報をお寄せください」との呼びかけを広報紙に掲載しました。

さて、町の広報紙にも使われた1枚目の写真では、見上げて撮影しているのに、機体を見おろすように写っていました。機体が右へ大きく傾いていたことを示しています。先ほど、この写真には目立つ指標がないために解析が困難と書きましたが、62ページの写真をよく見てみてください。右の水平尾翼に垂直尾翼の影がはっきり見えていますね。太陽の視直径は約0.5度であり、影に少し幅があるにしても、米軍機の高度に迫る確かな方法です。この撮影時刻の太陽の位置と、この影のでき方から、米軍機の仰角がわかるのではないか——そう考えました。「おてんとうさま（太陽）も目撃者。しっかり見ていた」のです。

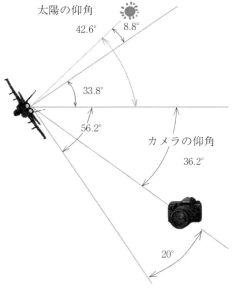

図2-8　機体の見え方と太陽の位置

撮影位置と時刻から、太陽光線の方位角271.138度と仰角42.643度とが求められました。FA-18Dの平面図は知り合いから、すぐに送ってもらえました。この平面図に画像の影を引き写してみると、影の出来具合がよくわかります（63ページの図2-7）。機体が傾いていたとしても、低空飛行なので、その中心軸は地表面とは平行を保ち水平だったと考えられます。すると、水平尾翼に落ちる影の位置（図2-7の「日陰の部分」）か

ら、方位角と機体の傾きが推測できました。太陽光線との傾斜は鉛直＋8.8度、方位角は＋8.1度と推定し、機体中心の方位角を83度と推定、仰角を36度と推定しました。太陽光線による影の位置が、カメラの仰角と機体の方位角を教えてくれたのでした（図2-8）。

高画質画像をもとに、高精度測角儀と太陽光線が使えて、「対地高度」に迫ることができました。

4枚の画像での

図2-9　2010年の八幡小のケースにおける米軍機の位置と推定高度

推定位置は、なめらかに並び、測量と解析の正しさも確かめられました（図2-9）。

　低空飛行解析センターは、解析した事案それぞれについて解析報告書をつくり関係者、自治体、政府に提出しています。各地で現地調査した解析報告書では、証拠の画像はもちろんのこと、推定コースや飛行高度断面図なども

色刷りです。米軍の「訓練ルート」や解析できた「飛行コース」などは、「低空飛行解析センター」のブログやフェイスブックで公表もしています。「コース」はグーグルマップ化もしています。要請されて「オレンジルートとヘリポート」（106ページ参照）なども、グーグルマップ化して公開中です。四国4県のヘリポートは約1000カ所あり、山間の元校庭の中心部が大半です。いただいた一覧表に基づいて、手作業で各位置をプロットしました。いのちを助けるためのヘリポートを、まるで無視するような危険な「訓練ルート」が国内各地にあることを実感もしていただけるものと思います。この地図は拡大・縮小も自由にできます。ご活用いただければ幸いです。

第３章　明らかになった「訓練ルート」

1 七色の「低空飛行訓練ルート」と首都圏9ルート

　2012年まで、全国に米軍の低空飛行訓練ルートがあると知られてはいましたが、正確なコースは謎のままでした。米海兵隊の垂直離着陸機MV22オスプレイの日本配備（2012年）にあわせて公表された米軍の「環境レビュー」によって、6つの「ルート」が初記載されました。第1章で紹介した色で区分されたルートです（図1-1、11ページ）。これは米軍が勝手に日本の領土内に設定した訓練ルートです。

　ただし、「環境レビュー」に記されているのは、「グリーン」「ピンク」「ブルー」「オレンジ」「イエロー」「パープル」の6本のみ。「ブラウン」だけは、なぜか外されました。中国地方の住民の怒りをおそれたせいだと筆者は考えています（次節でブラウンルート付近の実態を詳しく触れます）。

　米軍が「環境レビュー」で公表した低空飛行ルート図をもとに、低空飛行解析センターとして、各地点の位置を割り出し、各地点の地名などを独自に推定して

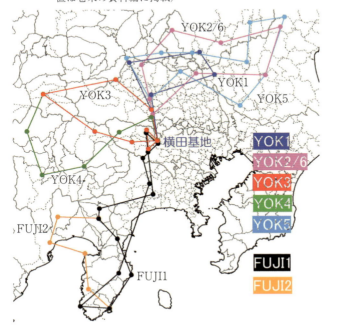

図3-1　首都圏の訓練ルートとそれらのコース名（各点の推定位置は巻末の資料編に掲載）

68

みました。

　これは、しんぶん赤旗が 2012 年 8 月 13 日付 3 面で報じています。これと『米軍機の低空飛行訓練 "植民地型" の実態をあばく』（日本共産党中央委員会出版局、1998 年 6 月 5 日発行）に記載されている、米軍報告書の中に記された 4 本のルート（緯度経度と地点の説明など）を参考に、ルート選定の基礎に山頂やダムなどがあるとみて、読み取り位置の直近にあたる山頂、ダム、橋梁、建造物などを推定してみました（各ルートの地図をグーグルマップを使って作成しています。巻末資料参照）。低空飛行解析センターのウェブサイト（https://usteikuusssaaanet/article/502569363ht）もご参照ください。

首都圏の訓練ルート

　さて、一方で在日米軍横田基地（東京・多摩地域 5 市 1 町）所属の大型輸送機 C130 が、首都圏上空で危険な飛行訓練をしていることが、2013 年、米軍提供資料で明らかになりました（図 3-1）。しんぶん赤旗が、次のようにその事情を伝えています。

　　日本共産党の塩川鉄也衆院議員は 2013 年 9 月 1 日、日本グライダークラブの吉田正理事長、鈴木重輝理事らと懇談しました。その際に提供された資料には、米軍が関東平野の広い範囲を C130 輸送機の訓練飛行ルートにしていることが、克明に記されてありました。

　　資料は、米軍が民間の小型機パイロットやオーナーを対象

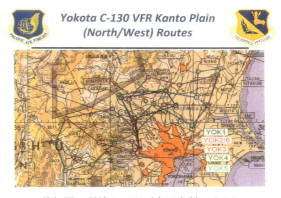

首都圏の訓練ルート（米軍資料による）

に実施した航空機空中衝突防止会議で使用されたスライドのコピーです。それによると、成田、羽田両空港の管制空域や民間航空路、自衛隊の訓練空域などを避けるように米軍が設定した「有視界飛行訓練空域」のなかに、飛行訓練ルートが網の目のように張り巡らされています。範囲は、西は伊豆半島、富士山周辺、南アルプス、八ヶ岳、東は茨城県常陸大宮市辺りにまで及びます（「しんぶん赤旗」2013年9月25日付）。

新幹線の車窓からも

　首都圏から静岡・長野・茨城まで広がるエリアにおける米軍の訓練の様子は、しばしば目撃されています。中には国会議員が自ら撮影した画像つきの証言もあります。以下は、筆者もときどき情報交換をしている日本共産党の塩川鉄也衆院議員の活動日誌からの転載です。

　　総選挙公示の2014年12月2日午前11時半過ぎ、新幹線で大宮から宇都宮に向かう途中で、プロペラ機が3機、南西から北東に向かって、かなり低い高度で飛んでいきました。手持ちのタブレットで撮影したのが、この写真（写真には2機しか写っていませんが）です。……

　　低空飛行解析センターに高度計算を依頼したところ、360mと390mの高さだということです。米軍のC130と思われますが、写真の航空機の機種や所属が特定できるようであれば、ぜひ教えてください。米軍横田基

塩川議員が新幹線の車中から撮った米軍機

地が航空関係者に提供した資料によると、C130 輸送機が日常的に首都圏上空で編隊飛行訓練を行っています。下で暮らしている住民にはなんの説明もなく、人口密集地域で、恒常的な軍事訓練をいつまでも続けるのか。沖縄の米軍新基地建設反対のたたかいに連帯し、米軍機の低空飛行訓練中止を求めるたたかいを進めていきます。

　風景の特徴から、グーグルマップで撮影位置を特定できました。画像中の大きな建造物を見つけて指標とし、対地高度と方位を推定しました。異常さを感じる低空飛行ぶりです。
　以下は計算の記録です（2014 年 12 月 21 日記）。
　塩川議員撮影（Sony　SO-03E）　画像番号　DSC_0681
　内蔵カメラ、積層型 CMOS イメージセンサー "Exmor RS"
　画素のサイズ　0.00112mm×0.00112mm
　撮影日時　2014 年 12 月 2 日午前 11 時 35 分 32 秒
　露出　1250 分の 1 秒　F2.4　焦点距離　2.98mm
　原画像の幅 3104 画素×高さ 1746 画素　カメラは正位置
　対象は米軍横田基地所属の C-130 とみます。
　機体の全長 29.79m　全幅 40.41m　全高　11.66m
　カメラの位置（東北新幹線の走行中の車窓）　茨城県古河市磯部 198
　北緯 36.164692 度　東経 139.732612 度
　平均標高 18m ＋ 車窓の地上高（未測量）
　①指標の位置
　古河駅西のアプリ KOGA（古河スカイタワー）97.65m ＋標高 19m ≒117m
　位置は、茨城県古河市本町 1 丁目 2-1、北緯 36.194980 度、東経 139.708445 度。画面の座標は x＝2425、y＝1352。
　方位角 327.1 度、距離 4003m、相対高度 80m、仰角 1.146 度とする。
　簡単化のため、画像は水平とし、地表面は水平面とする。
　②左の機体の画面座標　x＝488、y＝494、大きさ 79 画素

仰角 20.9 度、D 997.9m、L 930m、H 360m、方位角 285 度
　③右の機体の画面座標　x＝2357、y＝547、大きさ 68.9 画素
　　仰角 19.7 度、D 1150m、L 1080m、H 390m、方位角 326 度
　　　注：D は距離　L は水平距離　H はカメラからの高さ

　この画像を見ると市街地上空の低空を 2 機も連続して飛んでいることがよくわかります。この撮影時に関する限り、「最低安全高度」はぎりぎりクリアしていたようですが、「規制高度を 2 倍の高さにすべき」という議論も国会では起きているくらい、住民にとっては不安な訓練だといえるでしょう。

2　伏せられた「ブラウン」

　全国に米軍が勝手に設定した「訓練ルート」に話を戻しましょう。未公開のままになっている「ブラウン」について、独自に推定した地点名と位置を 74 ページの図 3-2 で紹介します。
　推定した 7 地点の位置は、「軍事同盟——日米安保条約」（クレスト社、1996 年刊）に収められた、山本皓一氏が撮影した画像が根拠です（左の写真。山本さんの許可をいただいて掲載しています）。米軍岩国基地で 1993 年夏に撮影されたもので、壁に張り出され

山本皓一『軍事同盟——日米安保条約』（クレスト社 1996 年刊）より。フライトスケジュールを打ち合わせる米軍関係者

た地図から、うすく見えている経緯線と各ポイントの配置関係を判定して、ブラウンルートの推定位置を割り出しました。

今でも未公表のままの「ブラウン」の実情を示す調査事例を、時期はまちまちですが、いくつか紹介します。

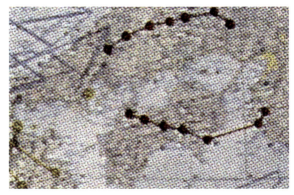
72ページの写真の壁の地図を拡大すると四国のオレンジルートとともに中国地方にも似た記号が

「米軍F14が天窓の3分の1大に見えた」

2003年9月5日正午過ぎ、広島県西城町(さいじょうちょう)の中心部を米軍のF14戦闘機2機が北から南西に飛びました。米軍機は町の上空を北から南西へ超低空で通過したのです。目撃者がいました。

同月16日に、県北連絡会の岡本幸信事務局次長とともに、5人の目撃者から様子を聞き取り、目撃地点と方向などの確認を行いました。目撃者の一人が、役場から見た角田多加雄行政係長でした。そのとき、角田係長は、庁舎1階の総務課長席の前に立っていました。「北側の天窓（幅62cm縦40cm）の中央に、3分の1から4分の1の大きさに見えた」と証言しました（75ページの図3-3）。

「県北連絡会」の要請で、岡本事務局次長とともに現場へ。役場の総務課からいただいた1万分の1の地形図と、持参した巻き尺・分度器だけが頼りです。役場の標高は327m。係長の立っていた位置は総務課長席の前。目の前の壁までの距離は510cmでした。目の高さは床から161cm。真正面から少し右の天窓、網入りガラス中央に戦闘機が見えたのです。

その窓の中央は、係長から見て、正面の壁面位置から右へ60cm。窓ガラ

第3章　明らかになった「訓練ルート」　73

図 3-2　ブラウンルート（推定図）

	北緯	東経
犬伏山（広島県）	34 度 48 分 22 秒	132 度 34 分 49 秒
熊山（広島県）	34 度 59 分 01 秒	132 度 54 分 17 秒
大倉山（鳥取県）	35 度 08 分 45 秒	133 度 20 分 23 秒
湯原ダム（岡山県）	35 度 12 分 36 秒	133 度 42 分 33 秒
花知ヶ仙（岡山県）	35 度 16 分 21 秒	133 度 59 分 42 秒
氷ノ山（鳥取・兵庫県境）	35 度 21 分 12 秒	134 度 31 分 40 秒
生野ダム（兵庫県）	35 度 10 分 50 秒	134 度 49 分 09 秒

ス中央の床高は238cm。係長の目の高さとの高度差は77cm、直線距離は519cmと計算されました。係長の目撃視線は北東で、方位角は50度になりました。手製測角儀での仰角は8度でしたが、床は水平とのことでしたから、窓中央までの距離と高さで計算した仰角（高度角）は8.44度になりました。計算を進めていくと、角田係長の目撃視線の方向に、JR芸備線の備後西城駅から約400m北東、西城川にかかる鉄橋がありました（図3-4）。

機体は可動翼のF14でした。低空なので、主翼は広げていたとして計算してみると、3分の1なら、その鉄橋の真上74mの位置、4分の1なら、少し遠い可愛橋の94m上空の位置になりました。高速飛翔体なので、大きめに印象付けられた可能性を考慮しても、対地高度は100m以下だと思え、航空法最

図3-3 目撃再現図と測定値

天窓中央の床高238cm
目の床高161cm　高低差は77cm
距離519cm　仰角は8.44度
役場床面の標高327m

図3-4　西城町役場提供の地図に表現した米軍機の推定位置と高度

赤い矢印を含む黄色い部分は米軍機が飛んだと見られる経路。オレンジ色の部分は目撃者の視線の方向と範囲

目撃時の様子を取材陣に説明する西城町の角田行政係長

低安全高度違反、日米合意違反は明白との結論を得ました。

「日米合意」違反だとする報告を10月3日に発表するや取材要請が寄せられ、説明のため再び役場へ。町役場の総務課には、広島県内のテレビ各社、新聞各社が勢ぞろいしました。取材陣の熱心さにびっくりしました。

この一件を報道各社が大きく報じ、その後、町の上を飛ばなくなったと聞いています。

上記のように、この時は分度器での仰角読み取りと巻き尺で算出した仰角とが、わずかにずれました。測角精度の改善の必要を痛感したため、大工さんが使う、デジタル角度計（0.1度の精度）に、ほどなく更新しました。

やがて測量士が使う、電子セオドライトやトータルステーションを使うようになり、数学的処理で一般化するようになっていきました。いまなら、天窓と係長とが見える屋外の位置に測量機材を設置して、係長の目の位置と窓中央を測量して、方位角も仰角も正確に測ることが可能です。

報道写真から高度解析――広島県三次市作木

広島県三次市立作木（さくぎ）小学校の上空を2011年12月20日午後、米軍の戦闘機FA-18ホーネット2機が超低空で飛来し、児童が悲鳴を上げました。そのときの米軍機を、地元紙・中国新聞の桜井邦彦記者が撮影、翌21日付の紙面に掲載しました。桜井記者は車で同小学校前の県道を通過中でした。真正面から飛来する米軍機に気づいて停車し、北東方向に飛び去る機影をとら

えたのでした（図3-5）。紙面で「昼休息中。児童71人の多くが校庭にいて、爆音に『キャー』という悲鳴が響き、耳をふさぐ児童もいたという」と報じました。

遠ざかる米軍機（細い線は読み取りのための補助線）

広島県は1週間後の12月27日、日米両政府に、①低空飛行訓練の中止、②日米合意の厳格な遵守を要請しました。県が小学校に確認した様子が、米駐日大使と岩国基地司令官あてに送った要請文に記載されました。

図3-5　撮影した米軍機と撮影者の位置関係

「該当時間帯は、小学校の昼休憩時間で校庭には多くの児童がおり、米軍機が学校の真上を爆音とともに通過したことから、悲鳴をあげたり、泣き出したりした児童もいたとのことで、多くの児童や教師等に恐怖心と心理的に不安を与えたことは疑う余地がありません」と強い調子です。さらに、県が中国四国防衛局を通じて、米海兵隊岩国航空基地に確認し、「日米政府間の合意に従って行われていた」との回答がされたことについては、「妥当な考慮を払っているとは到底考えられません」とし、低空飛行訓練の中止を求めました。

日本共産党は1月11日、辻恒雄県議を団長に現地測量調査を実施しまし

た。

　カメラの位置は県道の中央でした。

　あまりにも危険な場所なので、安全のために学校側（北西）へ約4m移動した位置に、トータルステーションを設置し、秋山欣也さん（秋山測量）が指標物を測量しました。

　対地高度で約204m、道路わきの電柱からだと約190mだったとみられ、「今までにない低空だった」という声を裏付けたことになりました。

2012年1月11日、作木小学校前で米軍機の撮影方向を確かめる調査団

作木小学校前の撮影位置に測量用の機材を設置する秋山さん（右）と筆者

作木「川の駅」や「江の川カヌー公園」にプラウラー

　広島県三次市では目撃情報が相次いでいました。2013年6月4日正午過ぎ、「NPO法人元気むらさくぎ」の岡本和彦常務理事が、次第に大きくなる爆音に気づき、「江の川カヌー公園」に向かってくる米軍の電子戦機プラウラーを正面から撮影しました。爆音の方向の変化で、「こっちに来る」と思い、待ち構えたそうです。元はカメラ店の店長だったとか。カメラの達人ならではの鮮明な証拠画像です。

公園上空を通過して、北北西へ約3.5km離れた川の駅「常清(じょうせい)」の上も通過しました。川の駅の玄関前では、同法人の田村真司専務理事が撮影しました。日本共産党の辻恒雄県議を団長に現地測量を実施。推定コースと機体の標高を、国土地理院の地図で作成した断面図にのせてみると、対地高度が約85mだったとみられました。撮影直前の山地では50〜70mの超低空飛行だったと考えられました。「日米合意(1999年)」違反は明白でした。

江の川カヌー公園に向かってきたプラウラー

図3-6　撮影された各位置とブラウンルート（推定）

　広島県三次市作木は「ブラウンルート」（推定）直下だと思われます。グーグルマップに表示したルートの数km以内に、撮影地点の作木小学校やカヌー公園、川の駅「常清」があります（図3-6）。

「ブラウン」のポイント「大倉山」「湯原ダム」

　広島県三次市の東方に、「ブラウン」のポイントとみられる山、鳥取県日南町の「大倉山」があります。東のふもとに住み、何度も目撃・撮影していたのが、故・久代安敏町議でした。2014年6月16日に、日本共産党の塩川鉄也衆院議員らの一行に随行したさい、ご近所の方は「うわーっと、身をかがめるほどです」と、爆音のひどさを表現してくれました。

　鳥取県日南町の大倉山は「ブラウンルート」のポイントのひとつとみられます。この「大倉山」の東に、岡山県の「湯原ダム」があります。

　米軍の電子戦機プラウラーがいくども目撃されていました。湯原ダム上空を低空飛行する様子を、真庭市の職員が目撃しました。2007年9月13日午後2時すぎ、片山誠・真庭市建設課主幹ほか真庭市職員2人と作業員2人の計5人が目撃者です。目撃位置は湯本つり橋（通称・寄りそい橋）東詰の歩道上（標高349.7m）。目の高さ1.6mを加算し、目撃位置の標高は351.3mとしました。

　10月6日に目撃者立会いの下、目撃現場を確認し、目撃位置と方向、機体の見かけの大きさ、見かけの姿勢を確かめて距離を算出し、見上げた角度から飛行高度を計算した結果、米軍機は

「爆音は身をかがめるほど」と語る住民（鳥取県日南町、2014年6月16日）

図 3-7 「湯本つり橋」から見えた様子を再現した合成写真＝円内が米軍機

同ダム東の尾根の 62m 上空を通過したと見られました。

機体中心部の推定標高は 592m、通過した尾根（標高 530m）から見上げた高度は 62m とみられ、誤差は数 m 程度と考えられました。

目撃仰角は約 30 度、方位角は 53 度（真北から東回り）。方位はクリノメーターで測り、西方偏角は 7 度、仰角の読み取り誤差は 0.1 度としました。米軍機の見かけの大きさを 1.5 度と判断しましたが、目撃地点から見える「八景」屋上の水槽が、見かけの大きさと同じだとの証言を根拠に、測角儀の「六分儀」で水槽の見かけの大きさを測角して、推定計算をしました。写真を合成した再現画像が図 3-7 です。

垂直尾翼の、プラウラー特有のふくらみが確認されていたので、機種が特定できました。機体の見え方による補正は 46 度（射影度）と判断、米軍機

兵庫県朝来市の和田山駅前公会堂で開かれた学習集会（2014年6月14日）

までの距離は482m、米軍機までの水平距離は417m、目撃者と米軍機の相対高度241mと推定できました。調査には、日本共産党岡山県委員会の植本完治書記長、岡崎陽輔真庭市議、筆者が参加しました。

「ブラウン」の東端近くで町長も「やめてくれ」と

中国山地を縦断するブラウンルートの東端とされる兵庫県の生野ダム。塩川鉄也衆院議員に同行して訪れたのは、2015年6月14日のことでした。

ブラウンルートの東端、兵庫県の生野ダム

「低空飛行訓練を許さない但馬の会」の主催した、朝来市の和田山駅前公会堂での学習集会には、多くの住民が参加し、日本共産党の塩川鉄也衆院議員が講演しました。

「生野ダム」から約35km北西のポイントが「氷ノ山」です。兵庫県養父市と鳥取県八頭郡若桜町との県境にある標高1510mの山です。この山の西麓で、小林昌司・若桜町長（鳥取県町村会会長）と2015年12月14日に懇談しました。実感こもるお話です。

　　11月30日は、ごっつい音だった。まあ、さあ〜、なんぼ言うたって、聞いてくれんでなあ。困るんだ〜。大臣に、あんたなにしょうだいなあ

と、言いたい……。ことしの正月のふつかだか、激しいごう音だったでしょう。今回のも、低空でごう音だった。
　私は以前にまあ、なんとか、これ、鳥取県の方で騒音測定器をということもあったですけども、まあ、やっぱし、（鳥取県）日南町の方とも足並みがそろわんといけんだし、というようなことで、結構やっかいなようですわ。県の方も、町がそこまでされるんなら、費用の半分は持つでぇ、ちゃなこともあったですわ。ごう音の測定をして、ちゃんとしたものを示さないけんということも事実だと思う……。島根の方では、国が設置したり……。
　これがやっぱし、事故でもあったらたいへんなことにもなるとも思うし……。（若桜町が）山んなかといえども、私たちもおびえてはおるんですけども。それからたとえば、いつとか、事前に知らせてほしいなと、（安保）条約の関係では、ある程度の訓練は、せにゃあいけんとは思うんですけども、地方公共団体には知らせてもほしいと思うのです。なんだ、わけのわからんようなことです。鳥取県内でも、この（低空飛行の）話、日南と若桜だけで、だあれも知らんようなことです。（ドクターヘリへの影響もふまえ）危ないからやめてくれ、私もそう思うです。

　この低空飛行の翌日の12月1日には、鳥取県町村会として、平井伸治鳥取県知事宛に、重点項目に低空飛行訓練の中止を加えて出しました。

若桜町から米軍機画像届く
　懇談後に、小林若桜町長の指示にもとづき、職員の三島康治さんが撮影した写真2枚が、筆者あてに届きました。若桜町で撮影された米軍機の画像の撮影日時は2015年11月30日午後2時50分48秒と、同49秒。撮影場所は、若桜鉄道若桜駅北東側約120mの位置。国道29号との中間点。対地高度は200m以下と推定できました（図3-8）。
　若桜駅から東へ約400m離れた路上からも、同じころ撮影の画像3枚が寄

図3-8　若桜町職員・三島さん撮影の証拠写真と推定高度

せられました。日本共産党の岩永尚之さんが撮影したもので、中尾理明（まさあき）若桜町議と歩いていたところでした。

「突然ごう音がひびき、頭上を3機の米軍機が猛スピードで通過していきました。目撃は初めて、あらためてそのものすごい音に衝撃をうけました。それからこんどは2時50分、おそらく氷ノ山をこえてから引き返してのことでしょう。やはり3機爆音をひびかせ飛んで行きました。本当にゆるせません。怒りをこめて糾弾するとともに、中止するよう強く求めたいと思います」と話しました。

自治体、住民が動き出す

　訓練空域「エリア567」（12ページ）の中央にあたる島根県浜田市では、米軍機騒音等対策協議会（浜田市を含む県西部5市町の首長で構成）と防衛省中国四国防衛局との初の意見交換が、2015年10月6日に行われました。「（米軍機は）日常生活や学校での学習活動に悪影響を与え続けている」（対策協議会会長の久保田章一・浜田市長）、「夜間が多くなっている点をどうとらえているのか」（江津（ごうつ）市の山下修市長）など、きびしい意見がつきつけられました。

　鳥取県東部では2020年に、米軍機の低空飛行に悩む住民が集まって「そらはつながる（低空飛行訓練を考える会）」が生まれました。2021年には実態を具体的に示すデータを得るために、鳥取県と若桜町に測定器の設置を求めて署名活動に取り組み、1371筆の署名を集めるなど地道な活動を続けています。

第４章　地方自治体・議会とも連携して国へ
──各地の調査・解析の記録

1　津山で土蔵崩壊──「草の根レーダー」で高度解析

　第1章冒頭でふれましたが、岡山県津山市で2011年3月2日、米軍機2機が飛来した直後に同市上田邑(かみたのむら)の井口貞信さん宅の土蔵が倒壊して大騒ぎになりました。
　同日午後3時すぎ、岡山県北を米軍機2機が低空飛行。寄せられた情報をつないでみると、備前市、兵庫県たつの市、美作市(みまさか)、奈義町、津山市、鏡野町、真庭市などを低空で飛んだとみられました。
　津山市の井口さん宅の土蔵には、電動自転車と洗濯機、布団入り長持ちがあり、土蔵の外のもう1台の洗濯機も壊れ、電話線も切断されて不通となり、土蔵と接していた母屋の屋根やガラス戸も壊れるなどの被害が出ました。
　津山市山方(やまがた)の工事現場から低空飛行を目撃した大林康二さんは「ものすごい爆音。見上げたら米軍機が2機。山にぶつかるかと思った」と話しました。目撃方向からすると、米軍機が井口さん宅へ向かう直前です。市内では大音響に驚き110番通報し、「戦争が始まったのかと思い、テレビのスイッチをいれた」という人もいました。
　米軍機が低空飛行したとき、家のなかにいた井口さんは「ドッドッドと、なんともいえん爆音がして家全体がガタガタゆれた。地震かなと思っていたら屋根瓦が落ちて、表に出てみたらメリメリと音がして蔵がドカッと倒れた」といいます。井口さんは、土蔵のそばの洗濯場にいる母親のカズノさんを一番に探したといいます。幸いにも、カズノさんは家の前の道にいました。「きょうとう（怖く）て地面にはいつくばって震えとった。死ぬかと思うた」と話しました。
　崩壊した土蔵の東隣に住む井口周子(かねこ)さんは「あのときは台所にいました。地震かと思いましたよ。これが風圧というもの？　すごい音がして……。飛行機が墜落したと思ってすぐに外に出ましたが見えませんでした。翌朝（3月3日）降りたら、（井口貞信さん宅の）土蔵が壊れていました。わが家は

2011年3月5日、崩壊した土蔵の前で井口さん（左）と説明を聞く末永津山市議（撮影＝しんぶん赤旗・宮木義治記者）

（窓ガラスが破損するなどの）被害もなかった」と話していました。

全会一致の意見書

　この時、低空飛行の事実をいち早く発信したのは、超低空飛行を目撃した経験を持つ、日本共産党の岡崎陽輔・真庭市議でした。同党県議団をはじめ、県北の議員はただちに調査を進めました。

　美作市、奈義町、津山市、鏡野町の人々が相次いで目撃、真庭市では危機管理担当の職員が「機種はホーネット」と確認していました。それらの情報を手に、末永弘之津山市議が3月4日午後に訪問して、井口さん宅の土蔵全壊の被害がわかりました。末永市議は津山市役所に急行。早急な調査と対応を求めました。これを受け、県の職員がただちに井口さん宅に出向き、被害を確認し同日、中国四国防衛局に通報しました。末永市議は翌3月5日、井

口さん宅を訪ね、津山市当局などへの申し入れ活動などを報告しました。

　日本共産党津山市議団は３月７日、津山市長に調査と対策を要望。同日、県平和委員会も調査活動を展開し、９日には岡山県に対策を要望しました。

　中国四国防衛局職員も７日、現場を訪れて調査しましたが、「自衛隊機ではなかった」などと言うばかりで、米軍機かどうかにはふれないまま、近隣での聞き取りを行い、被害者宅の見取り図を作成しました。翌８日、米軍岩国基地は所属機が津山市上空を飛んだことは認めましたが、「日米合同委員会の規則（航空法など）を守っている」「地表から150m以上だった」と言い張り、低空飛行の事実は否定しました。

　日本共産党の武田英夫県議は県議会総務委員会で３月11日、県の危機管理課に寄せられた米軍の低空飛行の目撃情報をパネルにまとめ、推定コースを描いて質（ただ）しました。武田県議は、コース上には「規則」で「考慮の対象」とされている「学校、病院」があり、下校中の子どもたちを米軍の爆音が襲っている報告も寄せられていると指摘しました。同日の総務委員会では、自民党発議の被害救済をもとめる意見書案が全会一致で決まりました。

　超党派で批判世論が高まる流れの中、石井正弘知事は３月14日、現地を訪れて、井口さんから土蔵が倒壊した時の説明を受けました。石井知事は「外務省や防衛省を通じて県としても強く中止や禁止を求めたい」と話しました。３月16日の県議会本会議では、国に調査を要求し、因果関係が認められた場合は米軍に補償を求めるよう求めた「低空飛行中止」の意見書を全会一致で採択しました。

日本共産党が測量調査

　米軍機の飛行ルートと飛行高度を解析し、土蔵崩壊との因果関係に迫ろうと、日本共産党調査団（団長・武田英夫県議団長）は３月16日、現地を測量調査しました。聞き取りと測量は、筆者と秋山欣也さん（秋山測量）が実施、末永弘之・津山市議と美見みち子・同市議候補、藤田多喜夫・鏡野町議らが調査に参加しました。

調査団は、被害者の井口さん宅を訪れて測量したあと、同市内の４カ所と隣接する鏡野町の南小学校グラウンドの計５カ所の目撃地点で測量しました。
　全壊した土蔵の近くに住む長尾忠子さんは、事件当時庭先に立っていたそうです。
　手に物差しを持ってもらいながら当時の記憶を再現してもらうと、「ものすごい音がして43cmくらいに見えました」と物差しを見ながら話しました。また近所に住む田口美砂子さんは「目前のシュロのすぐ上を、真っ黒い機体がおなかを見せるようにして、西へ飛びました」と証言しました。見かけの大きさを手の先で再現してもらうと5.5cmでした。目撃者は強烈な印象とともに、米軍機を大きめに感じたようでした。しかし指標との位置関係で目撃方向は確かでした。秋山さんはGPS（全地球測位システム）で、目撃者の目の位置を測定し、同じ位置に測量機材を設置して、米軍機が通過した指標の方向を実測しました。
　原理は簡素です。目撃者が見た方向から、どのようにして米軍機の飛行高度に迫るか、解析方法を説明します。
　猛烈な爆音をともなう強烈な印象から、目撃者は機体の大きさを過大に記憶する傾向があります。目撃者の印象で左右されやすい「見かけの大きさ」により米軍機までの距離を求める場合に起きる「不確かさ」を避ける必要があります。航空機は、なめらかな曲線を描いて飛びます。とりわけ音速前後という超高速で、超低空を飛行するジェット戦闘機の場合、地表との激突を避けるため、狭い区間でみると、ほぼ水平に飛行していると考えられます。その戦闘機が描く軌跡は、特定の標高面上を、限りなくなめらかな軌跡、つまり直線を描くと考えます。
　それぞれの目撃視線（目撃者の目線方向）が正しければ、目撃した位置や時刻はさまざまであっても、同じ機体を目撃した複数の目撃視線と飛行した標高面との交点群は、狭い区間では直線上に並ぶはずです。目撃者の視線を集積した結果、「低空飛行」の事実に迫れるのです。
　さて、得られた複数の目撃視線を目撃位置から延長し、仮想の飛行経路・

図4-1 米軍主張の「問題ない」高度（標高270m以上）なら、
　　　３人の目撃視線との交点を結ぶと急に折れ曲がるような
　　　飛行コースになる

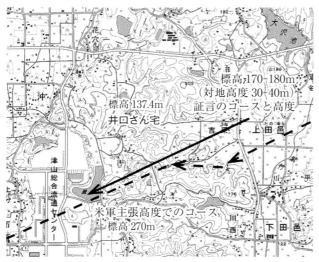

３人の視線と証言から標高170m（対地高度30m）を飛んで
いたとすれば直線コースになる

高度との交点を結ぶことで、被害にあった土蔵の前後数kmでの飛行コースを推定してみました。目撃者の標高はおおむね約120mですから、米軍岩国基地が主張するように、「地表から150m以上だった」とすると、米軍機の位置は標高270m以上の空間を飛んでいたことになります。ところが270m以上の標高面と目撃視線との交点群は、米軍機がポッキリと折れ曲がるコースを描きました（図4-1）。

　亜音速の戦闘機にこんな飛び方は不可能ですし、住民の目撃証言とも明らかに食い違います。ところが米軍機の標高を200m（土蔵近くでは170m）とすると、交点群がきれいな一直線になりました。この方がよほど事実に近いということを意味します。目撃証言はいずれも、米軍機は直線に近いコースで飛んでいたというものでした。米軍の主張は崩れ、地表に近い低空を飛んでいたと推定できました。つまり対地高度でいえば30～40mの高さを飛んでいたと解析報告をしました（2011年5月11日）。

　井口さん宅から南西へ約4kmの鏡野町立南小学校では、西村康昌校長から「グラウンド（標高約120m）の南端を通過したようだった」という証言

を聞きました。おおむねその話の通り、校庭の南東上空を「対地高度」80〜90mの超低空で飛行したことが分かりました。南小学校の標高（約）と崩壊した井口さん宅の土蔵の標高差は40m余、米軍機は土蔵と水平距離で200m近い空間を通過したと推定できました。航空法違反は明白でした。

　武田県議と筆者が3月24日、県に出向いて報告書を提出し、「航空法の『最低安全高度』に違反している。県としても、米軍に抗議し低空飛行を中止するよう国に申し入れを」と求めました。応対した危機管理課の岡本高志課長は「県民の安全、安心の確保が県の仕事。その立場で対応したい」と答えました。

　同日、末永市議らも同報告書を宮地昭範・津山市長に提出し、対応を求めました。同日、県議会に続いて津山市議会も、米軍機の低空飛行中止を求める意見書を全会一致で可決、土蔵倒壊について、米軍機の低空飛行との因果関係が認められた場合の救済措置を求めました。

　津山市として3月30日、外務大臣あてに「近年、岡山県北部地域においては、地域住民・団体や自治体による抗議・要請等の活動により、米軍機の飛来確認件数は減少する傾向にありましたが、低空飛行をはじめとする騒音等に関する苦情や問合せは、あとを絶たない状況にあります」との要請書を提出し、米軍機の飛行訓練の実態の把握と低空飛行訓練の中止等、再発防止に向け、適正な措置を求めました。

　さらに宮地津山市長は4月5日、中国四国防衛局（広島市）を訪問し、辰己昌良局長に因果関係の早急な調査と補償措置を求め、要請書を手渡しました。早急な調査を求め、「補償を早急に講ずるよう強く要請」したものです。

　自治体の動きにつれて、新たな目撃者も現れました。日本共産党の調査団は4月6日、目撃者の協力を得て第二次測量調査を実施、末永津山市議、筆者、秋山さんらが参加しました。

　崩壊した土蔵の周辺で、超低空の米軍機2機を目撃した市民や農家の証言にもとづき、目撃方向などを追加測定しました。このときも津山市危機管理課職員が立ち会い、より客観的な測量となりました。

第4章　地方自治体・議会とも連携して国へ

「草の根レーダー」の原理と威力

この津山市の土蔵崩壊事件は、証拠の写真がなくても、目撃証言と目撃視線を集め、初めて高度を解析できた事例でした。

低空飛行の米軍機を初めて見た人ばかりです。両手をひろげ、「こんなに大きく見えて」と印象を語る人もいたため、正確な目撃視線を収集することに徹しました。津山市は事件を重大視して、目撃者の聞き取りには、危機管理課の職員が必ず同席しました。

まずは立っていた場所を確認します。米軍機が見えなくなった稜線などの指標の位置、機影

防衛省で示した、「目撃視線を集めると高度に迫れる理由」を示す模型

が見え始めた建物の部位など、ひとつひとつ、こちらから誘導することのないように気を付けて、トータルステーションの十字線と指標物が重なるまで確認してもらい、目撃視線の仰角と方位角を測定していきました。津山市が保育園や学校へ、爆音や目撃の情報提供を呼びかけると、崩壊した土蔵を中心に、市内の広い地域で爆音が響いていたことがわかりました。

住民の目撃視線を測量し、総合してみると、米戦闘機の対地高度は土蔵近くでは30〜40mという超低空飛行だったと判断できました。

防衛省は当初「米軍の公務に起因する」と賠償手続きを始めましたが、米軍は「高度は適切だった。因果関係は認められない」とはねつけました。2014年2月6日の参院予算委員会で、日本共産党の仁比聡平参院議員の追

及に、小野寺五典防衛相は、高度解析方法をめぐって「専門家の中でしっかり議論を」と、逃げの答弁に終始しました。しかし大臣はともかく、筆者が被害者の井口さん夫妻とともに、2014年4月、防衛省に出向いて、模型を示して解析方法を説明すると、担当官らは、その説明自体については「わかりました」と回答してくれました。

　この時の調査結果は、被害者の井口さん宅付近では、地表すれすれの、高度30〜40mの高度平面との交点群だと、きれいな直線を描くことを示していました。米軍の「航空法は守っていた」という言い逃れは崩れ、多くの住民の目撃視線を集めると、高度がわかるという初の事例になりました。こうして米軍機の低空飛行と土蔵崩壊との因果関係は確認され、日米政府間の正式な議題になりました。しかし、米側が認めないことから、未解決のままになっています。

2　岡山から全国へ──高精度測量の開始

愛媛県八幡浜市で

　身近な分度器や角度計から始めて、1度角の数百分の1という高精度での調査が可能になっていきました。電子セオドライトやトータルステーションなどを駆使する秋山欣也さんの協力を得て解析をするようになったからです。

　秋山さんと初めて出かけたのは、2008年7月の愛媛県八幡浜市でした。四国を縦断し

2008年、愛媛県八幡浜市でカメラの位置から指標を測量する秋山さんたち

93

た米空軍の大型機、MC130特殊作戦機の低空飛行では、2008年7月16日夕、愛媛県八幡浜市の岩田功次さん撮影の画像によると、同市立松柏中学校の上空、260～270mの低空飛行という結果になりました。日米合意違反は明白でした。

　以来、岡山から秋山さんと一緒に、各地に調査に出かけました。

　徳島県内では、ちょうど愛媛県八幡浜市の事件と同じ時期、「墜落するのでは」と大さわぎにもなるくらいに米軍の低空飛行が多発し、2008年8月28日、初めて米軍が低空飛行を公式に認めましたが（第1章、14ページ参照）、住民の目撃情報が「草の根レーダー」のように威力を発揮してきた成果だと感じています。

　2009年2月18日、調査に訪れた笹岡優氏（日本共産党の衆院比例四国ブロック候補）に、徳島県海陽町宍喰庁舎の職員は「今年1月、低空飛行が相次ぎ、（高度が）150mくらいのもあった。記録のためにいつも窓際にカメラをおいています」などと話しました。「住民と自治体が協力すれば、米軍機の航空法違反は立証できる」と実感しました。

島根県「風の国」で超低空飛行

　2008年11月4日正午過ぎ、島根県江津市桜江町の温泉リゾート「風の国」近くを、岩国基地のFA-18ホーネット戦闘攻撃機2機が飛来し、同所で働く佐々木さとみさんが目撃。繰り返された超低空の旋回の後、戻ってくる米軍機を佐々木さんはデジタルカメラで連写しま

「風の国」に飛来する米軍機

した。

　佐々木さんの位置（標高235m）から見て、米軍機は300m以下の高度のまま右へ急旋回、西方の噺山(はなしやま)（475.5m）をかすめるように南西へ飛び去りました。

　画像から米軍機の見かけの大きさがわかり、樹木などの測量から、飛行ぶりがわかりました。7秒間で約1.9kmを移動し、秒速約270mとみられ、速度は音速の8割程度でした。米軍機は画像では樹木の少し上を右方向へ、2人のパイロットがよく見えていました。機体は約65度も右に傾き、パイロットは約2.5G（重力加速度）の加重を受けていたはずです。コース上の噺山の山頂付近では、地表高度は130m以下と推定できました。

佐々木さとみさんと愛用のカメラ

　住民でつくる「米軍機の低空飛行と飛行騒音の即時中止を求める石見(いわみ)連絡会」は2008年12月17日、溝口島根県知事に「国を通じ米軍に厳重に抗議を」と要請。「授業にならない騒音だった」など学校関係者や住民の声をそえ、県に中止と騒音測定実施などを申し入れました。県も「遺憾に思う。今後も国に申し入れる」と回答しました。

　「風の国」は岩国基地から北へ約90kmにあります。離陸して5分あまりで上空にやってきて、複数の米軍機が「風の国」を狙っているかのように飛びまわります。

　佐々木さんは後日、「風の国」に飛来した米軍機の動画データも送ってくれました。画面中央に戦闘機をとらえた、強烈な爆音の中でシャッターを押し続けた、佐々木さんの気持ちが伝わります。

第4章　地方自治体・議会とも連携して国へ　95

高知・矢筈山は「オレンジルート」直下

　四国では長年、低空飛行の目撃事案が続発しています。米軍機が目撃・撮影された場所の一つが、徳島・高知の県境に位置する、標高1606mの土佐矢筈山山頂でした。「オレンジルート」のポイントのひとつ、綱附森（山・標高1643m）から西へ約4.6kmに位置しています。2009年1月27日、米軍の電子戦機EA-6Bプラウラーが山間の谷を飛ぶ画像が届きました。撮影したのは、写真館を経営する岸野暢三さん（香美市）。雪におおわれた山頂から、南方の風景を撮影したさいに、米軍機2機が通過したのでした。

　高知県で初めての現地調査は、安全のために雪解けを待ち、同年4月29日に行われました。日本共産党高知県議団と同党四国ブロック事務所からの低空飛行解析センターへの調査依頼でした。調査には11人が参加しました。

　米軍のプラウラーは2009年1月27日14時30分ごろ、数分間に2機が飛来しました。1機目は標高で約1500mの高度を維持しながら、矢筈山の南

矢筈山の南を西進するプラウラー（円内。2009年1月27日）

側を東から西南西へ、機体を左に約45度傾けて飛び去りました。撮影された1機目の米軍機の位置からみると、標高1340m超の山腹部分が近くにあり、撮影地点東には、1643m、1460m、1421mの山頂部が連な

高知県の矢筈山の山頂に立つ調査団

っているため、推定される飛行コースでは、これらの山地通過が避けられません。「最低安全高度」以下で飛行していた疑いがきわめて強いと判断できました。

　岸野さんが撮影に使ったカメラはCANON Power Shot。撮像素子のピクセルサイズ（0.00204mm）は、現地で指標とした山頂部間の測量値と画像とを比べて算出。撮影時の焦点距離は6.0mm。画像の傾きは0.1度未満。高精度の正位置での撮影です。撮影した岸野暢三さんは香美市の「写真のきしの」経営者でベテランの写真師です。

　撮影地点は、矢筈山（1606.53m＝三等三角点）から南へ約36mの岩の南側。カメラの標高は1601m。指標は高板山（撮影地点から約5km南、標高1427m）の東の尾根上の樹頂部としました。

　米軍機（EA-6Bプラウラー）の大きさは、全長18.24m、幅16.15m。撮影画像から読み取った位置は、指標の山頂部と比較して、方位角は201度56分27.2秒、仰角は−5度39分44.97秒。見かけの機体長が48.8画素なので、カメラとの距離は1099m、水平距離は1094m、相対高度（カメラの位置から見た高度差）は−109mと判断。米軍機の標高は1601−109＝1492（±3）m。進行方位は、ほぼ西南西です。

　矢筈山での測量話をもちかけたとき、秋山欣也さんは笑顔になりました。彼は高校時代に山岳部に所属、「北アルプス連山は庭のごとし」だったと思

われます。矢筈山に登るときなど、もう鼻歌まじりでした。この調査の当日は、新聞社はもちろん、地元テレビ局も重いカメラをかついで山頂へ向かいました。筆者は1000m超えの登山なんて初体験です。登山の服装や、足回りと装備も、秋山さんに言われるままに買いそろえて向かいました。息も切れぎれでしたが、到着した山頂は、疲れを吹き飛ばす景色です。
　さて、カメラの位置は南斜面の岩陰でした。冷たい北風を避けられる絶好の撮影ポイントでしょう。カメラの位置に、測量用のトータルステーションを設置すると、あれ？　電池が……？　測角数値が、モニターにデジタル表示されるはずですが、だんまりです。気色を失い、あわてる筆者。予備の電子セオドライトは、はるか眼下の駐車場に止めた車の中です。報道陣も心配げです。
　その時、「車のカギを貸してくださいよ。すぐ取りに行けますよ」と秋山さんが口火を切ると、「私も」と笹岡優さんが続きました。1時間が過ぎたころ、三脚と測量機材を担いだ2人が、なんだか軽い散歩でもして来たかのような表情でもどりました。電池を替え、測量は無事に終えることができ、笑顔が広がりました。山から下りると、「テレビで見ましたよ」の声が広がっていました。
　健脚の秋山さんは、出身の早稲田大学の校歌が、「進取の精神、学の独立」を謳（うた）っているといい、新しいものが大好きです。高校での山岳部に始まり、大菩薩峠の基準点測量の手伝いをしたのが契機となり、倉敷市水島の製鉄所で測量の仕事を始め、1972年暮れに独立したのでした。「官公庁の仕事が大半です」といいますが、平和団体の要請で、倉敷市水島の戦災遺跡・亀島山の地下工場跡を測量するような活動もしています。網の目のような、総延長約2000mにおよぶ地下のトンネル工場を、3Dスキャナーを使って立体的に記録し、公表しています。

鹿児島のさつま半島に米大型機あいつぐ——連写画像で見えた「S字飛行」
　秋山さんと一緒に九州各地の低空飛行の情報についても解析しています。

ただ「イエロールート」からは外れています。機体はいずれも米軍の大型輸送機です。2009年7月7日と30日、南さつま市のカメラマン・諏訪勉さんが、見通しのよい堤防で待ち伏せして連写で記録、役場の真上を飛ぶ場面を地元の南日本新聞が大きく報じました。

写真の提供を得て、日本共産党の鹿児島県議団（松崎真琴団長）が調査を開始、解析を依頼されました。撮影現場に立ってみると、張り込みには最適のポイントに思えました。地上の指標物の方位角と仰角を測定し、あとは機体ま

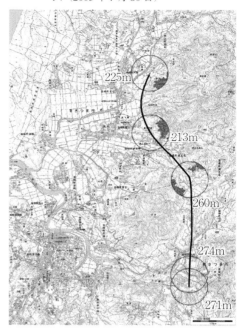

図4-2　南さつま市での米軍機の推定飛行コース（2009年7月30日）

解析報告書から。円の半径は600m

での距離と指標物までのずれを求めれば、飛行コースが見えてきます。国土地理院の地図に照らしてみると、大きなＳの字を描くようにして、高度は300m以下。地表すれすれを飛んでいる様子がわかりました（図4-2）。地元紙はもちろん、地元テレビ局も大きく報じました。

後年、米軍機の位置を示すウェブサイト「フライトレーダー24」をみると、沖縄の米軍基地から、薩摩半島、阿蘇山、別府湾、岩国基地を結ぶ飛行コースが見えてきました。これまで九州から中国地方にかけ、山間部各地で爆音情報が寄せられていました。一連の情報はどうやらつながっているようです。

第4章　地方自治体・議会とも連携して国へ　99

3 「低空飛行に子ども悲鳴」動画は18万回超再生

　高知県香美市物部町で、2014年12月15日午前10時30分ごろのこと、藤田希民子さんは自宅の軒先に立ち、東向かいの山際から現れて、爆音とともに南西に飛ぶ米軍機をとらえました。
　撮影動画は24秒間。かすかな爆音。「谷、来るよ」「来た？」「ゴォー」と猛烈な爆音。こいのぼりの矢車の下を戦闘機が右へ通過。「うわー！」と希民子さん。「うわあーん！」と泣き叫ぶ息子の竜道ちゃん。動画は爆音から始まり、米軍戦闘機が目の前を通過して、竜道ちゃんの様子がラストシーンです。インターネット上にアップすると、またたく間に10万回を超える再生回数になりました。同地は「オレンジルート」の7つのポイントの4番目、綱附森から6kmあまり南です。米軍機の低空飛行が頻発していました。
　なぜ飛んでくるのがわかったのでしょうか？　希民子さんによると、徳島県の藤元雅文・牟岐町議から「そっちに行ったよ」と知らせがあったから、待ち構えることができたのでした。日頃からLINEでつながっている住民ネットの力でした。
　3日後の12月18日、「日本共産党とくらしと福祉を守る会」議員団（山崎龍太郎団長、5人）が、藤田さんを訪ねまし

強烈な爆音に泣き出す竜道ちゃん

た。藤田さんは「12月になり、隔日ごとに飛んでくる。そのたびに子どもがおびえて足にしがみつくのです。この集落は県外からの移住者も多く、希望をもって農業などをしています。静かな環境を」と訴えました。

　高知県が香美市物部町支所に設置した騒音測定器によると、同月12日午前10時16分に110.6デシベル（前方2ｍの自動車の警笛音と同じ）を記録、3日後の15日午前10時31分にも70デシベルを記録していました。同議員団は12月19日に、香美市の法光院晶一市長に対策を申し入れました。

　藤田さん一家は12月22日、高知県庁を訪れ、野々村毅危機管理部長らと面談し、自宅前で撮影した低空飛行の動画を提供、低空飛行の中止に向けた県の取り組みを求めました。日本共産党高知県議団（塚地佐智団長）も12月25日、米軍機の低空飛行訓練の即時中止に向けた取り組みの強化を県に求めました。岩城孝章副知事は「持参された動画は大きなインパクトがあり、提供の翌日（12月23日）に、防衛局に送った。（国は）しっかり見てほしい」と回答し、「日米合意（1999年）にある高度や騒音等逸脱していないか、しっかり事実を積み上げるべく（県は）取り組んでいる。正確な高度測定ができないものかと思う」「騒音測定器は7月にも新たに購入し、4カ所で測定しているが、より効果的な場所等研究する」「各県、市町村とは情報交換はしている。（先進的な）広島県の取り組みなど参考にしたい」などと述べました。

　尾﨑正直高知県知事も動画を見ていました。12月26日の記者会見では、「子どもが泣くような過剰な訓練はやめてもらいたい。動画はよい材料」としました。高知県では、同年12月には、毎日のように低空飛行が目撃され、「オレンジルート」にあたる、高知県の嶺北地域の自治体では100デシベル超が11回にもなっていました。ところが高知県は中谷元防衛相の地元でもあり、「低空飛行中止」の意見書は、これまで採択されてはいませんでした。

動画からの初解析

　日本共産党高知県議団は2015年2月18日、飛行高度やルートの解析調査

高知県香美市の藤田さん宅近くを低空で西進する米戦闘機

のため香美市物部町の現地調査をしました。一行は、同党の高知県議7人と四国ブロック所長、調査を依頼された低空飛行解析センターと秋山測量設計事務所の測量士です。カメラの位置と標高、動画に写っている山の尾根などの目印をGPS（全地球測位システム）とトータルステーションで測量しました。

　動画の24秒のうち、米軍機が写っているのは7.7秒間。かなり高画質です。動画を静止画に分解、得られたのは230枚の静止画。計算をまとめて2月23日付で解析結果を発表、3月2日の高知県政記者クラブでの発表にのぞみました。

　当時、動画からの高度・ルート解析は前例がなく、各社から「動画からなぜ高度やコースまでわかるのか」と、質問が集中しました。静止画230枚から10枚おきに抜き出した23枚の画像について、機体の大きさから距離を、山の指標位置などから、方向と仰角を求めて地図に示していく手順を説明しました。米軍機の特徴などから、電子戦機EA-18Gグラウラー（全長18.38m）だったとして計算すると、1000m級の山にはさまれた谷の中ほど、標高で500m前後、対地高度で200〜277mを飛行していたこと、映像での移動区間は約2000mとなり、平均速度は秒速約260m（マッハ0.8）と推定

され、カメラとの距離は、最短の地点で約240m、水平距離では約200mだったことがわかりました（図4-3）。米軍機は機体を約50度傾けての右旋回であり、軌跡と速度から、パイロットの受ける加重は3.4Gだったとみられました。五王

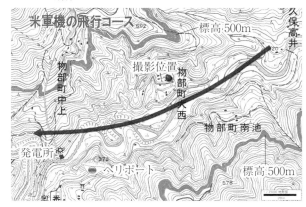

図4-3　2014年12月15日午前10時30分ごろの米軍機飛行コース

堂発電所の送水管の約200m上空を通過し、近くには緊急用のヘリポート「五王堂」もある場所です。

国会で追及、高知県議会で全会一致の意見書

　とんでもない「低空飛行」はその後も続きました（図4-4、104ページ）。米軍機への怒りが広がる中、日本共産党の仁比聡平参院議員は2015年2月28日、低空飛行が多発している高知県の香美市と本山町を訪れ、実情を聞きました。高知県議会でも2015年3月19日、「米軍機の低空飛行訓練の中止を求める意見書」を全会一致で可決しました。同意見書は「平穏な暮らしを奪う米軍による低空飛行訓練の中止」を米政府・在日米軍に求めています。「飛行ルートや時間の告知もなく行われる（米軍機の）低空飛行は、当該空域で年間40回以上活動する消防防災ヘリコプターやドクターヘリの航行の安全を脅かしている」と指摘しています。

　仁比参院議員は調査をふまえて、参院予算委員会（2015年3月30日）で追及しました。安全のため、日本政府に事前通告されている米軍機の飛行計画を地元自治体に伝えるよう求めたのに対し、中谷防衛相は、「開示等は差

図4-4 繰り返された低空飛行の飛行ルート図

ひるがえす無責任な態度でした。

牟岐町での2015年1月23日の低空飛行事件の画像（解析報告書から）

し控えさせてもらいたい」とはねつけました。中谷氏がかつて言っていた「当然、何時ごろに通過する予定です、ということは（地元に）言っておくべきだ」（高知新聞2013年9月13日付）との主張を

　安倍首相は「（米軍は）妥当な考慮を払うべき」だと答弁しました。しかし、仁比氏が、香美市の藤田さんが撮影した動画のような飛行についても、「妥当な考慮を払った飛行だったのか」と迫ると、答弁できません。代わりに答弁した中谷防衛相は、人口密集地域や学校、病院などに「妥当な考慮を払う」とした「日米合同委員会の合意

（1999年）を尊重して訓練が行われている」と、目の前の事実を否定する答弁をするしかありませんでした。

徳島県牟岐町と海陽町で低空飛行多発

四国を横切る「オレンジルート」の入り口とみられる徳島県の牟岐町と海陽町では、米軍機の低空飛行が多発しています。鮮明な証拠写真が撮れて、現地測量・解析にいたった事例は、藤元雅文・牟岐町議と海陽町のチョウの研究家・有田忠弘さんの画像に集中しています。カメラを手元に置

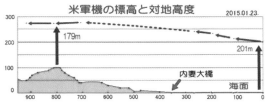

牟岐町での2015年1月23日の低空飛行解析結果（解析報告書から）

いていること、屋外にいることが多いことが共通しています。

藤元さんはオレンジルート東端のポイント「椿山ダム」（和歌山県日高川町）の共産党町議や高知県各地の人々とも連携して、「そっちに行ったよ」などとSNSで情報発信しています。自宅で爆音が聞こえると、ベランダ中央に立ち、自宅が「襲撃」されるような低空飛行を繰り返し撮影しています。

2014年12月に低空飛行が激増した問題では、翌2015年1月10日と同月24日に、日本共産党徳島県議団の要請で低空飛行解析センターが現地調査をしました。前年12月の場合、付近の海面上では160〜400mで飛行していました。「鼓膜が破れるかと思った」の声が上がったのが、1月23日です。同日午前10時ごろ、電子戦機EA-18Gとみられる戦闘機が、海面から約

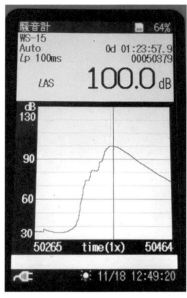

高知県香美市で民有地に設置された騒音計の画面。100デシベルの猛烈な騒音の記録（2015年11月）

200mの高度で内妻大橋を横断しました。集落の真上を通過。低空で進入して北西に消えるまで、藤元さんは連続9枚の証拠画像を撮りました。4秒間の移動距離は約920m。秒速約230m、音速の0.7倍だったとみられます。米軍機が通過した付近の尾根からの対地高度は約180mだったと推測できました。

民有地に騒音計設置

　四国を縦断する「オレンジルート」で、民有地への騒音計設置が実現しました。2015年10月7日午後1時43分に、92.7デシベルの大騒音を記録しました。高知県の香美市物部町大西。100ページでふれた米軍機の動画投稿（2014年12月）が世論を動かし、悲鳴をあげた藤田竜道ちゃん（当時3歳）が、お母さんたちといっしょに勝ち取ったとも言える騒音計でした。騒音計は動画の撮影地、藤田希民子さん宅にすえられました。設置したのは高知県香美市です。10月26日午前11時50分頃にも、米軍

図4-5　四国地方のヘリポートの配置図

白丸がヘリポート。各県の資料から作成

の電子戦機プラウラーとみられる戦闘機2機が低空飛行しました。騒音は、96.4デシベル。11月18日午後1時ごろに、100デシベルの猛烈な爆音を記録しました。

「空の救急車」が危険に

　とつぜん低空で飛来する米軍機は「空の暴走族」、山間部で活躍するドクターヘリは「空の救急車」だと思います。住民から「同じ高さだ」「ぶつかる」との不安の声が聞かれています。

　徳島県三好市の美浪盛晴市議は「三好市は四国でいちばん広く、88％が山間部。大歩危、祖谷山地方は、20年前から米軍の低空飛行が繰り返され、米軍機は目線の下を飛ぶ」と話します。日本共産党四国ブロック（笹岡優所長）の要請で、四国各地のヘリポートと「オレンジルート」を重ねてみました（図4-5）。危険な状況が一目瞭然です。香川県は約100カ所、愛媛県は約200カ所、高知県は約400カ所、徳島県は約200カ所の、合計900カ所あまりを記載しています。

4　広島湾上空、米軍自撮り画像を解析

　米軍自身の撮影画像から、日米合意（1999年）の航空法「最低安全高度」に違反する事例があいつぎました。現地測量をせずに、米軍の自撮り画像から、「飛行高度」を推測できた事例を紹介します。

カキいかだの上に米軍ヘリ

　2018年2月、米原子力空母ロナルド・レーガンの艦載ヘリが広島県廿日市市付近の上空を低空飛行している写真を米海軍が公式サイトに掲載しているとの情報と、「高度はどれぐらいと推測されますか？」という問い合わせが、しんぶん赤旗政治部の竹下岳記者から届きました。廿日市市在住の坂本千尋さん（「岩国基地の拡張・強化に反対する広島県住民の会」事務局長）から

は、写っている主な建物の名前などを電話で教わることができました。
　坂本さんによると、画像を米軍のホームページで見つけたのは2018年2月9日。見慣れた建物などから、「廿日市だ」とわかったそうです。
　ただちに米軍のホームページから問題の画像をダウンロードしました。米軍ヘリの直下には、広島湾に浮かぶカキ筏（いかだ）が広がっています。正面は廿日市市の市街地。右の小高いところに、同市立佐方小学校、その奥手の山の中腹に山陽自動車道が走っていました。
　直感的に、飛行高度は高速道路と海面の中ほどだと思えました。国土地理院の電子国土によると、見えている付近の道路面は標高約150mです。「撮影ポイントは岸壁から約2000m、高度50〜100mと推測される。日米合意違反は確実だ」と竹下記者に回答しました。
　米軍ヘリの推定位置は、海面から数十m上空になります。ゆれる海面上では、いつもの測量機材は使えません。調査船を繰り出して、「ドローン」にカメラを載せて撮影すれば、立証は可能でしょう。それにしても、正確な撮影位置を、米軍の公開画像から読み取る作業は不可欠です。

まずは米軍ヘリの方位角と仰角
　現地調査がままならないため、画像解析を優先しました。米軍が公開した画像は、横1024画素、縦680画素と小さめサイズで低画質です。指標の建造物群が鮮明には見えてきません。まずは方位を求めるために、特徴のある建物を探します。
　確実な指標は左の方に写っている木材港南というエリアの岸壁の西の角でした。その延長線上に見える建物の特定をしなくてはなりません。国土地理院の電子国土とグーグルマップの航空写真とを使い分けます。見えているのは、廿日市市浄化センター（廿日市市串戸1丁目）の管理棟2階部分のようです。ふたつの地点の座標（東経、北緯）をもとめ、国土地理院の「測量計算サイト」で、「距離と方位角の計算」に数値を投入すると、結果が出ました。岸壁と米軍ヘリとをむすぶ、直線が1本引けました。

米海軍が公表した、広島湾上空で「打撃調整・偵察訓練」する米軍ヘリの写真。真下にカキ筏、正面は廿日市市街地

赤旗記事の衝撃

　そんな作業をしていたころ、しんぶん赤旗にはこの問題を扱った記事が出ました。見出しは、「市街地の上空　米ヘリ超低空　高度"150メートル違反"か　公式サイトに写真　提供区域外の広島・廿日市」でした。

　米海軍によれば、写真に写っているのはMH-60R統合多用途ヘリとMH-60S多用途補給支援ヘリで、いずれも厚木基地（神奈川県綾瀬市、大和市）所属でした。「広島沖で打撃調整・偵察訓練を行った」と説明しています。撮影の日付は1月25日付で、同日午後、同型機が撮影時刻から約14分後に米海兵隊岩国基地（山口県岩国市）に着陸する様子を、岩国市の戸村良人さんが撮影していました。この米軍ヘリからの画像を紹介したしんぶん赤旗の記事はもちろん大反響を呼びました。

　廿日市市の眞野勝弘市長は、同記事の翌19日に、河野太郎外相と小野寺

五典防衛相にあてて、市長名で訓練の詳細について事実の確認などを求める要請文を送付しました。

　　廿日市市沖（海上）におけるヘリコプター打撃調整及び偵察訓練の事実確認等について

　　平成30年1月25日に米海軍MH-60R及びMH-60Sヘリコプターが世界遺産である宮島に近接する廿日市市沖の海上で打撃調整及び偵察訓練のため集結した旨の記事が米海軍のホームページに掲載されました。
……
　　米軍機による低空飛行や艦載機移転増強計画については、騒音や事故の発生など住民生活への影響が懸念されることから、これまでも周辺自治体と連携し、繰り返し、住民の不安が増大することにならないよう要請しておりますが、岩国基地への空母艦載機移駐が大幅に進み、本年1月、本市沿岸部に設置した航空機騒音測定器は、70db以上の騒音を昨年の4倍程度測定し、住民からの苦情も増えています。

　　こうした中、地元自治体の意向を考慮することなく、また、今回、広島の海岸（廿日市市沖の海上）で打撃調整及び偵察訓練のため集結し、こ

廿日市市沖の低空飛行を告発したしんぶん赤旗（2018年2月18日付3面）

れらを実施したことが事実であれば誠に遺憾であり、事故が発生した場合は、市街地や本市特産である牡蠣の養殖用の筏への甚大な被害も想定されることから、到底容認することはできません。

　つきましては、この度の訓練の詳細について、事実確認を行い速やかな情報の公開を米側に求めるとともに、地元自治体の声を真摯に受け止め、訓練や低空飛行に伴う騒音の発生などによる住民の不安の増大や、生活環境を悪化させることのないよう要請します。

共産党広島県委が県と防衛局に

　日本共産党広島県委員会は、しんぶん赤旗紙面を携え、2月21日に広島県と中国四国防衛局に出向き、米軍への断固とした抗議と訓練中止を求めるよう要請しました。大平よしのぶ前衆院議員、角谷進県副委員長、辻恒雄県議、小浜一輝県書記長らが事実確認を求めました。防衛局では、「岩国基地に問い合わせている」との回答でした。

　その席上、防衛局側は、「うちのパイロットは、この写真なら高度200m以上だ（問題ない）」などと応じながらも、とても気にしていたと小浜書記長から聞きました。筆者はそれを聞き、すばやく飛行高度を解析できていれば、と反省しました。

　その後、あらためて解析をやり直しました。解析センターとしての結論は次の通りです。

　米軍ヘリ（カメラ）の推測位置は、廿日市市の木材港南の岸壁から南南東へ約2600m沖合の、標高88m前後。撮影時の潮位（岩国・海上保安庁）を考慮すると、海面からは85m前後だったとみられ、同型機（全高5.13m）からの撮影であれば、海面から車輪までは83m前後だったと推測できます。海上での航空法最低安全高度（150m以上）を下回り、もちろん日米合意（1999年）に違反します。

　解析の内容を簡単に紹介しましょう。まず、この画像そのものの大きさは次の通りです。

第4章　地方自治体・議会とも連携して国へ

①写真の水平画角は 23.57 度。
②画像サイズは横 1024 画素、縦 680 画素。
③飛行高度推定のための仰角については、佐方小学校校庭と木材港南の交差点との標高（国土地理院・電子国土）差に基づいて計算。画像では、76 画素相当。

指標をえらぶ

　この事例では「海面高度」ですが、高度に迫るためには、陸上から空をとった場合は、（ア）機体までの距離を推測する、（イ）ふたつの角度（方位角と仰角）をもとに、国土地理院の地図に照らして位置を確かめる——のがいつもの方法でした。ところが、廿日市市のこのケースの場合、撮影場所は、漁民の怒りが沸騰した、「カキ筏の上」でした。ただ海図は役に立ちません。米軍の画像に Exif 情報が記録されてはいましたが、画像を加工されたうえに縮小されていたため、画像解析による、（ア）の距離推測につまずきます。

　そこで米軍の画像そのものから、（ウ）海面上の位置を推定し、距離を推算する、（エ）撮影諸条件のうち、1 画素あたりの角度を推算する、（オ）背景の街並みなどから、仰角を推定する——ことで、海面高度を推測する方法にたどりつきました。

　まず、（ウ）岸壁からどの方向に、どれだけ離れていたのでしょうか？最初の難関です。

　横幅 1024 画素、縦幅 680 画素に小さくされ、低画質画像なので誤差は増えますが、画面の左右両端付近の遠景のうち、遠地点と比較的近地点の特定できる指標物（建物など）が重なるものを丁寧に探しました。

　左右が離れるほど、推定位置の精度はよくなります。左側に 2 点（各北緯と東経）、右側に 2 点（各北緯と東経）（図 4-6）。この位置を地図やグーグルのストリートビューで建物も確かめて特定し、米軍ヘリのいたはずの方向に 2 本の直線を伸ばします。2 本が交わった場所こそ、米軍ヘリのカメラの位置です（図 4-7、114 ページ）。

角度の単位で位置が示された4点を「平面直角座標系」に変換すると、連立方程式で水平位置を求めることができます。

読み取った4点の座標は、

①北緯34度20分15.67秒、東経132度20分12.37秒＝下水道建設課護岸

北緯34度20分41.46秒、東経132度19分49.22秒。廿日市市浄化センター

②北緯34度20分31.76秒、東経132度20分32.69秒＝建物屋根南西端

北緯34度21分10.86秒、東経132度20分13.74秒＝マンション東端

図4-6の①と②を平面図上に描いたのが図4-7です。視直線①（廿日市市下水道建設課護岸―廿日市市浄化センター）と、視直線②（建物屋根南西端―マンション東端）にもとづき、秋山さん（秋山測量）に計算してもらいました。方位角は、視直線① 323度20分27.26秒、視直線② 338度06分30.59秒。カメラの推定位置は、北緯34度19分07.569秒、東経132度21分13.476秒にな

図4-6 カメラからの直線上に見えるもの・左側①、と右側②。②の数値は仰角指標間の画素数。円内は指標

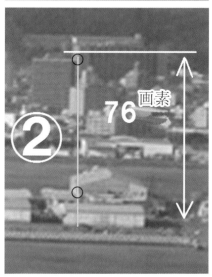

図 4-7 米軍ヘリとカメラの位置

りました。木材港南の岸壁から南南東へ約 2600m 沖合だったと推定できました。

米軍ヘリ（カメラ）の位置わかる

　図 4-6、図 4-7 の直線①②は、米軍の画像にもとづいて、見えている建物などの部位を確かめて結んだ補助線です。それぞれ、電子国土で座標を確認しました。

　いよいよ海面高度の解析です。1 画素あたりの角度を推算するため、画像中の左右両端の建物を確かめて、その位置（北緯と東経）を電子国土 Web で読み取ります。国土地理院の計算コーナーに数値を入れると、カメラの位置からの方位角がそれぞれわかります。その差が、画像の左右両端の水平画角になります。結果は 23.57 度。86.3mm の中望遠レンズ相当の画角でした。近似計算になりますが、23.57 度÷1024 画素≒0.02302 度。これが 1 画素の大きさです。撮像素子の配列は正方形だとして、米軍ヘリからの仰角「見おろし度」を解析していきます。

　視線方向に、標高がわかる指標が見つかりました。佐方小学校体育館南の校庭（標高 30.2m）と木材港南の交差点中央（標高 3.1m）です。画像では、縦方向で 76 画素しか離れていませんでした。離角は 1.75 度にすぎません。この方向での岸壁から米軍ヘリの距離 2760m を基準にすると、海面から約 88m だったことになります。「150m 以上を飛んだ」と主張するなら、さらに上下に開いて見えているはずです。仮にそうだった場合、画像では 130 画素以上に広がって写り、その離角は 3 度以上になったはずです。つまり実際にはもっと低いところ、具体的には海上の高度 88m を飛んでいた――「最低安全高度以下だった」という結論を得ました（116 ページの図 4-8）。

　漁民の強い怒りを聞いていたので、広島県などへの報告や協議の場面では、「二度とカキいかだの上は飛ばないでほしい」と強調したのでした。

図4-8 高度が88mの場合と米軍の言う150mの場合とでの見え方の差

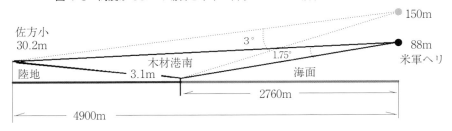

水平画角 23.57度（86.3mm相当）
高低差 27.1m 国土地理院 電子国土による

カメラの撮影データと乗員

　Exif情報（撮影画像に込められたデータ）と比較すると、トリミングなどの画像処理をしたと考えられました。ただ米軍の画像は撮影者の名前と所属、使った日本製カメラの形式や撮影諸データなどはきっちり表示されていました。関連ページには、当日の米軍ヘリ乗員の姿も掲載されていました。

　ファイル名：180125-N-YM002-233.jpg
　撮影日：20180124／撮影時間：151934-0500／発信地：Hiroshima／国名：Japan

撮影者：Lt. Chris Kimbrough
撮影者の肩書：U.S. Navy photographer
クレジット：U.S. Navy
オリジナル所有者：Navy Media Content Operations
▼メイン情報
メーカー名：SONY／

米軍ヘリの乗員。米軍の関連ページから

機種：ILCE-6000／変更日時：2018-02-08
▼サブ情報
露出時間：100分の1秒／レンズF値：F6.3／ISO感度：100／オリジナル撮影日時：2018:01:24 15:19:34／シャッタースピード：1/100秒／レンズ絞り値：F6.3／開放F値：F4.0
レンズの焦点距離：51.00（mm）

　写っている風景から米軍機の位置や高度を推定するとき、このせまり方なら、だれでもできるはずです。

岩手県でF16、地上40mか？

　「こんな動画を見つけました」と、友人からメッセージが届いたのは2018年4月2日夕のこと。「日本の山間部を超低空飛行するF-16戦闘機【コックピット映像】」と題する動画投稿が流れていました。「USAミリタリー・チャンネル」という投稿サイトに4月2日付で掲載されたものです。米空軍のF16戦闘機が、青森県や岩手県などの上空を、好き勝手に低空飛行をした様子を操縦席内部から撮影した動画です。

　情報では「三沢基地の第35戦闘航空団に所属するF16が日本の山岳地帯上空で低空飛行訓練を実施」とのことでした。動画では、米軍機は風車の発電機の高さよりも低いところをすり抜けたことが、だれの目でもわかります。岩手県によると、風車のタワーの高さは78mですから、米軍機は地表から40m前後だったでしょうか。国土地理院の電子国土で位置を確かめようとしましたが、当時は同風車ができて時間が経っていなかったためか、まだ記載されていませんでした。いまは風車のマークが記載されています。風車通過の直後に、同町の観光天文台（岩手県二戸郡一戸町女鹿字新田）の真上を、超低空で通過してもいました。

　この動画では、風力発電所は、米軍の東北地方の訓練ルート「グリーンルート」（図4-9）から東へ約18km離れていました。中国地方の「ブラウンル

米軍F16戦闘機の操縦席からの画像（投稿動画から）。高森高原風力発電所（岩手県一戸町）の風車より低く飛行

図4-9 「グリーンルート」と風力発電所

ート」で目撃した経験では、「ルート」の幅は約10kmあるようでしたし、低空飛行が岡山県津山市の土蔵崩壊を引き起こした、岩国基地所属のFA-18の場合は、「ブラウンルート」から南へ約18kmも離れた場所でした。米軍機は好き勝手に飛んでいると思えるのです。

　長年、低空飛行問題に取り組んできた、日本共産党の伊勢純・岩手県陸前高田市議の、この問題での調査活動を紹介した、しんぶん赤旗同年4月27日付3面の記事は大きな波紋を広げました。

　F16は離陸後、観光名所の奥入瀬渓流（青森県）沿いを飛行し、十和田湖の湖面すれすれを飛行。岩手県二戸市浄法寺町の鉄塔を目印に右旋回し、保育園などが立ち並ぶ地域の真上を低空で通過しました。

　さらに、高森高原風力発電所（岩手県一戸町）の風車の間を横切っていきました。

伊勢議員が二戸市で聞き取りを行ったところ、保育園の保育士は「音が聞こえた」と証言。住民からは「雷のような怖い音だった」（80代の女性）、「自分は耳が遠いが、すごい音だった」（70代の女性）などの声が聞かれました。「いつも飛行機が飛んでいる」との証言もあり、米軍がルートを設定している可能性もあります。

　岩手県の事例では、この記事が大きな波紋を広げ、全国では、徳島県に続いて、米軍が航空法違反を認めた2番目の事件になりました。しんぶん赤旗が報道した日のNHKの報道で次のように述べられていたのです。

　三沢基地のアメリカ空軍第35戦闘航空団はNHKの取材に対して、所属する航空機の低空飛行訓練の様子だとしたうえで、「アメリカ空軍が日本国内で訓練する際の基準としている高度を下回る飛行も確認できる」と基準に違反する飛行があったことを認めました。その上で、「所属するすべてのパイロットに対し、基準を適切に順守するよう努める」と回答しました（NHK青森）。

　三村申吾青森県知事は5月1日、「米軍の飛行高度の最低基準を下回る低空飛行を今後行わないこと」などを求める文書を同基地司令官、防衛相、東北防衛局長に送付しました。
　日本共産党岩手県委員会は同年5月2日、達増拓也知事に、米空軍の低空飛行訓練の中止を求める申し入れをしました。日本共産党青森県委員会と党県議団も同日、三村知事に、低空飛行訓練に抗議し、飛行停止・撤去と日米共同訓練の中止を求める申し入れをしています。

5　沖縄の日常をリモートで解析——湖面すれすれも

　沖縄では、いたるところで乱暴な低空飛行が続いています。希少動物が集中する「やんばる（沖縄本島北部）」は2021年に、生物の多様性が世界的に認められ、ユネスコ世界自然遺産に登録された地域です。豊かな自然を守ろうと活動している、チョウ類研究者の宮城秋乃さんから相談がありました。米軍ヘリCH53Eの2機が2018年7月18日午後4時半ごろ、沖縄県の国頭村にある、安波ダム上空を低空で旋回している様子を動画で撮影したというのです。

　宮城さんは「安波ダムを旋回のポイントとして訓練しているように見えた」と話しました。さらに「沖縄島の飲料可能な水の約8割を北部のダムが供給しています。しかし、やんばるにあって、県民の目には触れないため、県民のほとんどが墜落したときの影響（水質汚染や取水停止）をたいして気にしていないと感じます。米軍機がダムを目印にして低空飛行していること自体、ほとんどの県民が知りません。ダム湖のすぐ近くに、内閣府沖縄総合事務局北部ダム統合管理事務所があるのです。そこの職員は、安波ダムが米軍の目印として使われていることは知っているはずです。でも、職員は米軍機の飛行については何も言いません」と心配していました。

　安波ダムは、沖縄本島北部河川総合開発事業の一環として、洪水調節、流水の正常な機能の維持、水道用水及び工業用水の供給を目的に、安波川（流域面積42.1km^2、流路延長8.5km）の河口から約3.5km上流地点に建設した高さ86.0m、沖縄で最大の重力式コンクリートダムです。湖畔の上流には展望広場があり、いこいの広場、遊歩道や休憩所があります（ダムのパンフレット）。

　宮城さんが送ってくれた動画から静止画をキャプチャーし（図4-10、122ページ）、その画像をもとに、国土地理院の電子国土Webシステムとグーグルマップを利用して、飛行高度を調べてみました。写っているヘリは2台で

す。画像の下側の米軍ヘリは、水面すれすれの超低空飛行だったとみられました（図4-10の上は解析に使うため、その部分を切り取ったもの）。現地測量をすれば、正確にわかることでしょうが、この時はコロナ禍でそれができませんでした。そうしたもとで試みた、ネットを使った迫り方の一例です。

　貴重な証拠画像です。撮影場所と米軍ヘリ（下）の位置関係を把握するために地図に描いてみると図4-11（123ページ）のようになると思われました。まず、カメラの位置を確かめなくてはなりません。現地に行かずに、ネットをフル活用して、「対地高度」に迫るうえで、必須の作業です。宮城さんの話だと、撮影場所は、沖縄県国頭郡国頭村の安波ダム堰堤のほぼ中央です。位置は北緯26度42分39.49秒、東経128度16分10.26秒。撮影日時は、2018年7月18日午後4時16分30秒でした。

　撮影時の安波ダムの水位が必要です。水面からの「米軍ヘリの高度」を突き止めるためです。安波ダム管理支所によると、ダム湖の湖面の標高は撮影時（16時30分）は97.85m（98mとして計算しました）であり、ダムの堰堤の高さは113.5mでした。宮城さんの身長を加味して、路面＋1.5mとし、カメラの標高を115mとして計算を始めます。

　米軍ヘリまでの距離を出すのには、米軍ヘリ（CH53E）の全長が必要です。メーカーによれば、全長30.19m、高さ8.46m、幅8.41m。主回転翼直径は24.1m（7枚のローター）です。この機体の見かけの大きさで距離がわかります。ヘリの場合は、ローター径に注目すれば、機体の姿勢にかかわらず、カメラからの距離が容易に算出できます。

　カメラはSONYハンディカムHDR-CX550。画像の幅は1296画素、高さは2304画素。いつものように、画像の座標値（x，y）を画像で読み取ります。単位は画素です。

　ヘリ解析の場合は、ローター中心を基準にして解析をするのが好都合です。米軍ヘリ（ローター中心）の座標は、x698、y1785。画像の中に、便利な指標を探していきます。左上に特徴的な山の頂上が見えます。地図にありそうです。位置はx251、y1550。ダム湖内の水位を示す指標をさがすと、地図に

図 4-10 安波ダムで撮影されたヘリの画像（下の画像）。下にいるヘリに関わる部分を拡大したのが上の画像（補助線は計算のための指標）

もともとの動画からキャプチャーした画像。上の方のヘリの下、湖面近くにもう一機ヘリが

も載っていそうな位置に、湖内の突き出し部の水際（x975, y1940）が見つかりました（図4-10中の「特異点」とある場所）。

動画だと、画素サイズを判定するためには、同じ条件で、正確な大きさのものを正確な距離に置いて撮影し、画素数を数えて「画素サイズ」を推算し、計算根拠にしなくてはなりません。安波ダムの上では困難です。そこで、国土地理院の地図を利用します。指標の山頂と湖面の特異点との仰角差から、「画素サイズ」を割り出しました。

①湖内の突き出し部（湖面特異点）の水際の位置は、北緯26度43分4.55秒、東経128度15分3.41秒と読み取りました。カメラの位置との水平距離は1070m（電子国土Webシステムによる）、水面の標高は98mです。

98m（水面の標高）－115m（カメラの標高）＝－17m（標高差）

水平距離と標高差からこの特異点の仰角（見下ろすのでマイナスになります）を

求めるには、タンジェントの逆関数アークタンジェント（Atan）を使います。ごくざっくりいうと、仰角をθとした場合に$\tan\theta = a/b$が成り立つなら$\mathrm{Atan}(a/b) = \theta$です。

$-17 \div 1070 = -0.01588785 \rightarrow \mathrm{Atan}(-0.01588785)$

これを調べると、下方へ0度54分37秒（−0.91度）とな

図4-11　撮影場所と米軍ヘリの位置

図4-12　山頂と湖面の特異点を指標にそれらの仰角差を求める

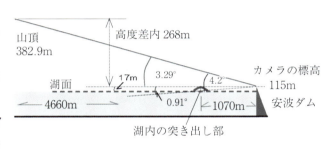

ります。これが1070m遠方の湖面特異点を見おろす角度（仰角）です。

②指標の山頂までの距離は4660m、標高は382.9m（電子国土Webシステムによる）

仰角計算のために、カメラとの標高差を出すと、382.9m−115m≒268m。さっきと同様、アークタンジェントを使って仰角を出すと

$\mathrm{Atan}(268 \div 4660) = \mathrm{Atan}(0.057510729)$　これは3度17分29秒（3.29度）です。

山頂と湖面特異点との仰角の合計　3.29＋0.91＝4.2度（図4-12）

さて、1画素あたりの画角を計算しましょう。
上下方向の画素差　1940−1550＝390画素　（水際から山頂の画素差）
4.2度÷390画素＝約0.0108度／画素

これを画素サイズとみます。

　以上をふまえて、米軍ヘリ（ローター中心）の仰角を推算します。湖面特異点を画像における仰角基準にするとして、湖面のy座標からヘリのy座標を引くと、1940−1785＝155画素
　−0.91度＋155画素×0.0108度＝0.76度
　これがカメラから見たローター中心の仰角を示します。

　米軍ヘリまでの距離は次の通りです。
　ローター（直径24.1m）は、767−636＝131画素相当
　131画素×0.0108度≒1.415度　24.1m÷sin1.415度＝976m

米軍ヘリの湖面高の計算
　（米軍ヘリ・ローター中心のカメラからの高さ）Sin0.76度×976m＝12.9m
　（カメラ高−湖面からの高さ）115m−98m＝17m
　（ローターの湖面からの高さ）12.9m＋17m＝29.9m
　なおヘリの高さ8.46mなので、その分を差し引くと、機体底部（車輪）から湖面までは21.4（±2）m高になります（底部標高は＋98mの119.4〔±2〕m）。
　映像ではヘリは、岬のような突出部を通過しているように見えます。この地点（北緯26度43分1.19秒、東経128度15分43.24秒）の標高は電子国土によると113mです。ヘリ底部の推算標高は、上記の通り119.4mになるので、差し引きすると、「対地高度6.4m（±2）m」の超低空だったことになります。強烈な風が、地表の希少な動植物を吹き飛ばしたはずです。人の目が届かないところでの、乱暴な飛行ぶりがうかがえます。
　この時は、画像の傾きは無視し、地表の湾曲も無視して水平とし、対象が十分遠いので、レンズの収差なども無視して、近似計算をしました。指標にした山の位置は、北緯26度44分11.31秒、東経128度13分56.41秒、標高

382.9m、撮影場所からの水平距離4.66km（電子国土Webシステム）としました。画素サイズ算出などの基礎とした山頂部分は、樹頂部と見られます。電子国土Webシステムが示す山頂部とは、位置も標高もずれがあるはずですから、前述の数値は推測の域を出ません。現地での実測による正確な測定値にもとづく解析なら、力を発揮するはずです。

　「やんばる」は、奇跡の森・生き物の宝庫とされます。一方、米軍の訓練場となり、返還された場所からは大量の銃弾や汚染物質が見つかっています。いまも米軍ヘリが飛び回る現実です。宮城さんは「米軍の基地と自然遺産は両立しません」と語っていました。

6　市長も呼びかけ──長野県佐久市

「高度230m」の波紋

　熱意が道をひらくと感じました。長野県佐久市の米軍機低空飛行問題です。調査費用に募金が集まるなど、住民の安全を願う熱い思いが結実しました。

　横田基地所属の米軍大型輸送機2機が2019年5月30日の夕刻、長野県佐久市の中心部を低空で飛行しました。柳田清二市長をはじめ、多くの市民が目撃し、「落ちるのか」「恐怖を感じた」など、大騒ぎになりました。地元紙の信濃毎日新聞は、日本共産党佐久市議団の「飛行高度解析を」の議会提案（6月18日）をトップで報じるほど。ところが6月長野県議会で自民党は、「低空飛行は在日米軍の不可欠な訓練」とし、「高度や区域に関する日米合同委員会合意に反する事実は確認されていない」として米軍をかばいました。自民党が反対したため、低空飛行の自粛を求める意見書案は否決されてしまいました。

議員団の熱意が局面を打開

　低空飛行する米軍機の鮮明な動画が即日、情報提供を呼びかけた柳田清二佐久市長のSNSあてに寄せられていました。その撮影地点が千曲川東の市

佐久市で撮影された動画から合成した米軍低空飛行のパノラマ写真

道上だと判明したころ、選挙があったこともあって調査は一時中断。佐久市長に寄せられた動画を、フェイスブックやツイッターなどで拡散し、現地調査・測量の募金を訴えたのが、日本共産党の藤岡義英前県議と佐久市議団でした。地元で平和運動を進めている、「ピースアクション佐久」のみなさんや日本共産党佐久地区委員会の協力のもと、県外からも募金が寄せられて調査費用がまかなわれ、低空飛行解析センターに調査が依頼されるという、異例の展開になりました。

　解析センターとしては、初の東日本での現地調査です。しかもそれまでは、撮影者の全面的な協力のもとで、撮影地点などを確認していましたが、今回は事実上の匿名の投稿映像です。撮影地点もふくめ、すべてを映像だけから判断することになります。

　6月中には、約26秒間の動画を56枚の静止画に分解してもらっていました。でも、レンズの諸特性などの記録が画像には含まれていないため、画像を「見かけの角度の記録」として使うには現地で測量をして写っている指標の位置関係を確める作業は必須でした。

　動画は毎秒約30枚なので、約800枚の分解画像から、水平画角の判定に使える画像を選び出し、現地測量で画角を実測して、画素の大きさなどを判定する作業から始めなくてはなりません。「現地測量は8月19日」と決まっ

たころ、別の千曲川西からの動画を、日本共産党長野県委員会の三石志知志さんが発見、動画の提供を受け、高度解析に確かさを加えることになりました。

住民の協力と後ろ盾

　岡山県倉敷市から長野県佐久市田口まで、低空飛行解析センターの筆者と、協力してくれる秋山欣也さんという古希越えの二人組が機材を積んで向かいました。車では片道に10時間がかりです。調査前日の8月18日夕刻に、千曲川東の現地に到着。藤岡前県議の案内で撮影現場と思しき場所に向かいました。この時点ではまだ、車を止める場所の確認をしつつ、水平画角、指標を確認するのが主目的でしたが、いつのまにか地元の方々が近寄ってきます。「見たよ。頭のすぐ上だったもの」「ここに車を止めればいいよ」と人の輪が広がりました。

　翌8月19日の朝、撮影地点の周辺の畦は草刈りが行われ、取材陣が到着するころには、すっかりきれいになっていました。筆者には「足を運べば、こたえてくれる」と思えました。調査には日本共産党の佐久市議団（内藤祐子団長）を中心にした「共産党長野県米軍機低空飛行調査団」（現地責任者・藤岡前県議）、井上哲士、武田良介両参院議員、長野県議団もかけつけました。ひと通り測量を行ったら、藤岡前県議から「ぜひ千曲川西の地点も」と懇請されました。もちろん望むところです。2カ所から写した動画をもとにすれば、より正確に高度を解析できると、全員で佐久市臼田の現地へ。

　午後からは調査をした

佐久市での調査。撮影位置を測量する秋山さん（左）と草刈り作業（右）

佐久市での調査後、記者会見を開いた。立って説明しているのが筆者

ことに関する記者会見を開きました。

　会見で調査団は「住民の不安を解消したい」と述べ、井上参院議員は「地方議会とも協力して、国会で追及したい」と話しました。メディアの皆さんからは熱心な質問が寄せられて、会見は長時間に及びました。

　会見では、「なぜ距離がわかり、高度もわかるのですか」と、「見かけの大きさで距離が推定できる」ことに質問が集中しました。既知の物体の見かけの大きさ判定で距離を推測したら、方位角・仰角で空間上の位置がわかるという説明をめぐり、あれこれと苦慮していましたら、両脇の井上、武田両参院議員が説明を加えて助けてくれました。さすが国会議員、現地測量2カ所を実施した成果の発揮です。

　この時の調査は期せずして千曲川の東西から、米軍機を「はさみ撃ち」のようにして高度を確かめるものとなりました。じつは測量の基本は、2地点からの「測角方式」です。「三角測量なら高度はさらに正確にわかる」と語っているうちに、熱心な地元記者は「わかりましたよ。大きさの比較で距離がわかるのですね」と笑顔に。井上議員と武田議員が両脇にいるという、心強い後ろ盾を得て、筆者は頭をかきながらも、落ち着いて記者会見を終えることができました。

　結果報告当日の、9月4日付地元紙は一面トップの大きな扱いでした。「機体の大きさを基に推計した距離」「推計高度＝距離と仰角を基に三角関数で算出」と、高度調査の方法を正確に記述していました。

計算十日目に地図化

　スマホなどによる動画映像には、使ったレンズの焦点距離などの記録が残りません。画素サイズを確かめるためにも、実測が不可欠になります。当初、米軍機は千曲川にそって飛び、高度は200m前後だと考えていました。千曲川東のカメラは、水平画角は56度くらいと思っていましたが、実測では74度。予想をこえる広角撮影でした。思っていたよりも高度は高くなりましたが、2カ所からの「三角測量」が確かな力になりました。千曲川西のカメラは水平画角56.1度。その動画がズームアップする時があるのですが、その前の部分に、偶然ながら2つのカメラが互いに向き合う方向となって、しかも2機目の米軍機が写っていました。複数のカメラが別の位置から同時撮影していたというのは初めての経験でした。

　全部で約90枚の画像について、米軍機の見かけの大きさと距離、方位角と仰角を求めました（図4-13、4-14）。計算は10日がかりです。最後に国土地理院の地図に載せてみると、当初予想とは異なる飛行コースが現れました（図4-15）。米軍機はともに、市内中心

佐久市の調査で米軍機の方向を確かめる調査団（2019年8月19日、千曲川西から）

図4-13　千曲川東のカメラによる合成画像。1～8は方位と仰角の解析に使った指標

図4-14　千曲川西のカメラでとらえた米軍機。1〜5は方位と仰角の解析に使った指標

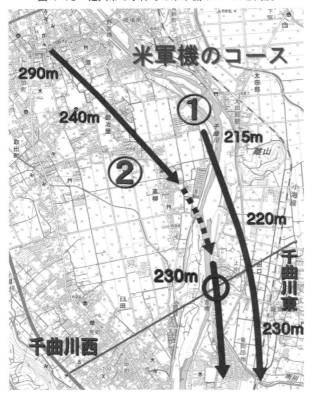

図4-15　佐久市の事件での米軍機のコースと高度

部の学校や住宅上空を飛び、千曲川を斜めに横切り、南下していました。1機目の高度は215〜230（±5）m、2機目の高度は230〜290（±8）mと推計しました。

千曲川東西の撮影地点からの「三角測量」では、対地高度230（±2）m」になりました（図4-16）。距離は2230.6m、撮影地点の標高はともに700m、東から仰角16.17度、西から

は同 9.17 度。測距方式での近似式だと、同地点で誤差±5 m で同じ数値でしたから、

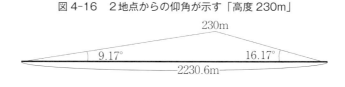

図 4-16　2 地点からの仰角が示す「高度 230m」

近似式の精度も確かめられました。

　2 機目がカメラに写り始めていた位置は、市内中心部の城山公園付近でした。推定高度を地図に載せてみると、高度は 290m から数秒で 250m へと急降下していましたから、計算ミスを疑いました。国土地理院の地図データによると、該当地点の標高は 677 〜 681m と、なだらかでした。画像を再点検。カメラからは仰角約 6 度の位置ですが、米軍機の胴体は、ほぼ丸い点に見えています。つまり約 6 度の傾斜で降下している場面であり、計算に間違いはないようでした。

低空飛行許すなの市民集会と反響

　解析結果の発表に先立つ 8 月 30 日に、米軍横田基地所属の C130 輸送機 2 機による低空飛行に不安をつのらせる市民たちが、佐久市で対話集会を開きました。「ピースアクション佐久」の呼びかけで約 100 人が参加。集会では 8 人が発言し、女性の参加者は、市内の総合病院にはドクターヘリの発着所もあるとして、通告なしの低空飛行への懸念を表明しました。県平和委員会の永井光明代表理事は、「全県で低空飛行の監視体制をつくりたい」と話しました。

　日本共産党の武田良介参院議員、社会民主党の中川博司県連合代表・県議が出席。武田氏は「日米地位協定にも反するような低空飛行を続けさせるのか。皆さんと一緒に運動していく」と参加者を激励しました。中川氏は、県議会での自民党を「県民の不安に背を向けた」と批判しました。国民民主党の羽田雄一郎、立憲民主党の杉尾秀哉両参院議員がメッセージを寄せました。

　柳田清二佐久市長の、低空飛行問題で「住民の立場で行動する」としたメ

佐久市で「低空飛行許すな」と市民集会（2019年8月30日）

信濃毎日新聞2019年9月4日付から

ッセージが紹介され、小泉俊博小諸市長、大村公之助南牧村長、中島則保南相木村長、花岡賢一県議からもメッセージが届きました。集会の最後、参加者が一堂に会して「低空飛行許すな」と書いたパネルや横断幕を掲げてアピールしました。（しんぶん赤旗2019年9月2日付4面から）

　前出の地元紙・信濃毎日新聞は、9月4日付1面トップで報じました。「米軍機　高度二百数十メートル　共産党市議団など調査」との見出しでした。解析結果発表の会場には、テレビはNHKや地元など5社、新聞各社も。共同通信は「米軍機が規定以下で飛行か、長野・佐久、市議らが調査」などと全国に配信しました。

　関係自治体の議会では、九条の会や平和委員会などが提出した請願が採決され、国会や政府に対して要請する「米軍機の飛行訓練等に関する意見書」が採択されはじめました。

　佐久市議会は9月27日、「米軍機の低空飛行訓練に関する意見書」を全会一致で採択しました。

1　米軍機による訓練等の情報を把握し、事前に関係自治体に提供すること。
　　2　在日米軍に次の事項を守るよう強く求めること。
　　（1）米軍機は、市街地上空の飛行を避けること。
　　（2）米軍機が飛行する際は、日米合同委員会合意事項を遵守すること。

　同意見書の内容は、米軍大型輸送機が佐久市上空を低空飛行して大問題になった直後の6月県議会で、自民党が反対し、否決されたものと同じです。
　10月1日には、長野県と県市長会、県町村会が防衛省に出向き、米軍機は日米合同委員会の合意を守ること、ドクターヘリなどの安全に影響を与えないよう在日米軍に「強く求める」ことを要請しました。
　藤岡さんは「反響は計り知れないものがありました。写真や動画撮影により、市民が米軍機の低空飛行を調査・監視できることを証明できました。多少時間がかかりましたが、決断して良かったと思います。市民の共同を進め、調査結果を力に世論を喚起し、航空法に反するような低空飛行を許さず、日米地位協定の抜本的見直しを強く求めていきたいと思います」と話していました。なお、藤岡さんは2023年4月、県議の議席を回復しました。

7　各地で超低空飛行に怒り

徳島県海陽町での米軍機の高度
　米軍岩国基地所属のFA-18Fスーパーホーネットとみられる戦闘機2機が2019年5月22日午後、徳島県海陽町を低空飛行しました。同町のチョウの研究者・有田忠弘さんが爆音に気づいて、2機目を望遠レンズで追尾し、9枚連写しました。
　撮影地は、海陽町の大里松原海岸につながる町道の上。同町の入道山（写真の米軍機の背後、標高532m）の手前を、米軍戦闘機は低高度で西から東へ

徳島県海陽町を低空飛行する米軍機

ぬけました。下に見える球体は、南阿波ピクニック公園の滑り台の一部です。機体は岩国基地のFA-18Fスーパーホーネット（全長18.38m、全幅13.62m）に酷似していました。

翼端まではっきりと見える6枚を選び、カメラから機体中心までの距離を、画像の大きさから、それぞれ推算し、画像中の指標物を秋山欣也さんが実測して、米軍機の仰角と方位角とを求めました。

現地調査と測量は6月4日に実施し、日本共産党の議員団と四国ブロック事務所、徳島県平和委員会メンバーらが参加しました。低空で飛来した米軍機は、FA-18Fスーパーホーネットだったとみられました。岩国基地で監視を続けている戸村良人さん撮影の同型機とそっくりでした。

　　　カメラの機種…NIKON D-5300
　　　撮影時のレンズの焦点距離…150.00mm
　　　撮影時のサイズ…6000×4000画素
　　　1画素のサイズ…23.5mm÷6000画素≒0.003917mm

解析の結果、米軍機は標高197〜185mで飛行し、対地高度は通過した尾根ごとに変化し、147〜98mの低空だったとみられました。航空法「最低安全高度」にふれる、「日米合意」違反ぶりでした。

富山県黒部ダム湖上を米軍機３機が150m以下

　富山県の観光名所の一つ、立山町の黒部ダム上空で2021年10月18日、米軍戦闘機３機による相次ぐ低空飛行が目撃されました。３機とも黒部ダムから高さ150m以下を飛行したとみられました。同日午前10時45分ごろ。黒部ダム上空を北から南に飛行する米軍機３機を富山市の男性が展望台から動画で撮影したのです。男性は、その約10分前にも同じ機体３機がダム上空を飛び、山沿いを旋回している姿を目撃していました。

　提供された動画や証言をもとに撮影位置が特定できました。高度を算出する指標となる赤牛岳などのポイントを、しんぶん赤旗の斎藤和紀記者にカメラの位置から高画質で撮影してもらいました。動画から得た静止画３枚と、この高画質の写真とを送ってもらい照合することで、３機は通過順に、ダムのえん堤から高さ145、117、140（±10）mを飛行したことが分かりました（図4-17）。しんぶん赤旗の記事（同年11月12日付）はこのできごとについて次のように述べています。

　　男性は「突然、ものすごい音が響いてきて驚いた。ここで戦闘機が飛ぶのは初めて見たし、聞いたこともない」と話します。米軍機は岩国基地（山口県岩国市）所属の米海軍FA-18スーパーホーネットとみ

図4-17　黒部ダムにおける３機の米軍機の推定高度

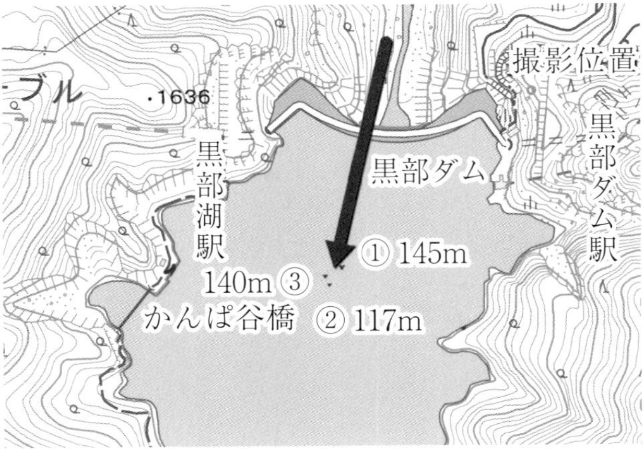

られます。……動画から得た静止画3枚と本紙撮影の写真に基づき、3機は通過順に、ダムのえん堤から高さ145メートル、117メートル、140メートル（誤差±10）メートルを飛行したことが分かりました。……黒部ダムは米軍の低空飛行訓練ルート『ブルールート』上にあり、同ルートに沿って飛行していた可能性があります。

米軍ヘリ、都庁や新宿駅上空で低空飛行

　都心での米軍ヘリの低空飛行が問題視されるなか、都議選初日の2021年6月25日午前10時半すぎ、新宿駅西口で日本共産党の志位和夫委員長らが街頭から訴えている頭上を米軍ヘリが低空飛行しました。赤旗編集局の依頼を受け、提供された撮影画像から高度を解析すると、都庁東の新宿三井ビルから87（±2）m高い位置だったと推測できました。

　証拠の画像は高画質。赤旗写真部記者の撮影画像でした（図4-18）。水平位置はすぐにわかりました。国土地理院の電子国土Webシステムによると、路面の標高は39.1m。画像から予想された通り、カメラの位置は大きな脚立の最上部でしたのでカメラの標高は41mとしました。

　測量機材を直接その位置に持ち上げるわけにはいきません。デジタル角度計を用意してもらって、指標となる、背景の大看板の部位を視準して、測定した角度を読み取ってもらい、米軍ヘリへの仰角基準としました。

　高画質の原画には、米軍ヘリの細部まで、くっきりと写っています。ヘリはUH-1Nのようでした。残る課題は米軍ヘリまでの直線距離です。ローターは静止して写っています。ところが米軍ヘリのUH-1Nは2ローターであり、ローター直径は14.63mと公開されているのですが、ローターの位置次第で推定距離が変わってきます。画像中のローター軸から出ている細い横棒に着目しました。ラジコンヘリの制作や操縦も趣味とする奥田伸一郎さん（岡山県商工団体連合会会長）に尋ねると、「スタビライザー（回転安定装置）ですね」と即答しました。ローターとは直交しているので、スタビライザーをローターまで拡張してやれば、仮想の円盤を推測でき、カメラからの距離

図 4-18 撮影された米軍ヘリと推定位置（合成写真）

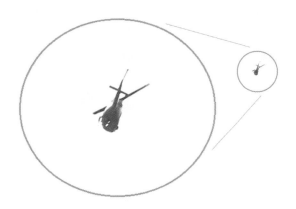

 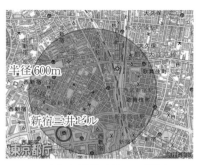

撮影者の位置（下）と　　　ヘリから半径600mの範囲
米軍ヘリの位置（上）

が推算できます。

　ただしスタビライザーの大きさの公開データは見当たりませんでした。「助け舟」は、前田泰孝赤旗政治部記者の膨大な画像の中にありました。着陸したUH-1Nを、固定位置から見おろした連続画像が約100枚ありました。それを使って主ローターの長さとスタビライザーの長さとが比較できたのです。画像の画素数を数えることで、ローター径14.63mに対して、スタビライザー・バーの長さは2.75mと判定できました。

　撮影レンズの焦点距離は52.0mm。ローター径相当160.4画素。撮影時は1画素あたり0.00793mm。推定距離は598±4m。ローター中心の仰角は31.6度。カメラよりも313±2m高ですが、カメラの標高を加味し、ヘリ脚部の位置（4m下方）を考慮すれば、米軍ヘリ脚部の標高は、350±2mです。

　さて場所は都心部です。航空法の定める「人口密集地では半径600mの範囲でもっとも高い場所から300m以上の

ヘリコプターのメーンローターと
直交するスタビライザー

高度」にふれるのか。国土地理院の電子国土Webシステムで「米軍ヘリの推定位置から半径600m」の円域を描き、高い建物を探してもらいました。都庁はわずかに外れましたが、新宿三井ビル

着陸したUH-1N。各先端に読み取り用補助線

が円内でした。同ビルの「頂部の標高は263m」とわかりましたから、差し引きすると、350(±2)m − 263m = 87(±2)mが、米軍ヘリの「対地高度」でした。日米合意（1999年）に違反します。

首都圏の米軍ヘリ「UH-1Nの悪天飛行経路」

　米軍ヘリが連日のように、都内を低空飛行していることが大きな問題になるなか、しんぶん赤旗は「米軍ヘリ、都庁目印に飛行／米軍資料でルート判明」と報じました。（2021年6月25日付）

　都庁周辺が、米軍横田基地所属のUH-1Nヘリの飛行ルートになっていることを示す米軍の資料です。都庁より低い位置を飛ぶ米軍ヘリの飛行が相次いで目撃されてもいました。

　同資料は、横田基地に所属する米空軍第374空輸航空団が2015年に国内の航空関係者を招待して開催した「関東航空機空中衝突防止会議」で配布されたものです。「UH-1Nの悪天飛行経路」と表題のついた地図には、横田基地を表す「RJTY」、右端に米軍赤坂プレスセンター（東京都港区）を示す「Hardy Barracks」とあり、飛行ルートが記されています。7つの赤いポイントが記され、「Yoyogi」と記されたポイントの真ん中に都庁、新宿駅や

NTTドコモ代々木ビルなども付近に位置しています。

赤旗編集局から米軍資料「UH-1Nの悪天飛行経路」を提供してもらい、40ポイントある各点の位置を読み取ってみました。横田基地（東京都福生市など5市1町）の滑走路中心を西端とし、東端を米軍赤坂プレスセンター（東京都港区）わきのヘリポートに重ねあわせ、コースの各点の位置を推定し、米軍ヘリの飛行経路をグーグルマップで表現してみると、JR新宿駅の真上や国立競技場を通過するような危険なコースだとわかりました。

高知県早明浦ダムへ米軍大型機

高知県本山町を2020年2月21日午前、米軍の大型輸送機2機が、町立本山小学校や保育所の上空を低空で西進し、右旋回して吉野川上流の早明浦ダムに向かいました。住宅地上空での「対地高度300メートル以下」の低空飛行は、日米合意（1999年）に違反します。

米軍機の撮影位置は、国道439号をはさんで、町立本山小学校の北にある、土佐れいほく博推進協議会の玄関前付近でした。爆音に気づいた同協議会の岩本淳也事務局次長が、真上を西進して右旋回し、早明浦ダムに向かう2機の米軍大型機を動画撮影しました。カメラの標高は248.5～247.8m。1機目を追う2機目は、カメラよりも約240m上空を通過したとみられました。機体の推定標高は490m前後です。おおむね標高250mの、本山町立国保嶺北中央病院や本山小学校などがある中心部では対地高度は240mになり、「300m以下の低空飛行」となりました。航空法「最低安全高度」の規定に照らせば、中心地の北

しんぶん赤旗日曜版 2020年4月12日号の見開き特集

北東約 500m に、雁山（標高 433.6m）があり、山頂部からの高度差は約 60m にすぎなかったことにもなります。明らかに日米合意に違反します。

図 4-19　高知県本山町における米軍機の飛行コース

　現地測量調査は、しんぶん赤旗日曜版の要請で、秋山さんが 3 月 16 日に実施し、画像中の指標物の位置などを実測しました。

　このときの米軍機の機種と機体の大きさについて、機体の特徴から、C130J-30（全長 34.69m、全幅 39.7m、全高 11.9m）とみて、位置を推算しました。

　撮影起点は、北緯 33 度 45 分 34.6528 秒、東経 133 度 35 分 23.5376 秒、標高 248.529m。撮影終点は、北緯 33 度 45 分 34.4889 秒、東経 133 度 35 分 23.5920 秒、標高 247.800m です。

　Apple・iPhone 6s による動画は 24 秒間。得られた静止画のサイズは、横 1920 画素、縦 1080 画素。1000 枚近い静止画が得られました。動画は、米軍機が頭上を通り過ぎた直後から始まります。途中の数秒間は、のぼり旗や電柱にさえぎられていましたが、岩本さんは玄関前の階段を下りながら、米軍機を追いかけてズームアップするなどして、右へ急旋回する様子を確実にとらえていました。

　推定飛行コースの地表面の標高は、おおむね 250m であり、2 機目の米軍機の場合、対地高度は、230 〜 250m だったと推測できるので、ほぼ高度を維持した状態で、早明浦ダムに向かったとみられました（図 4-19）。

第 4 章　地方自治体・議会とも連携して国へ　141

米軍輸送機か、奄美大島の龍郷町で撮影

　鹿児島県の地元紙・南海日日新聞が 2020 年 4 月 8 日付で、奄美市龍郷町を、米軍の輸送機が低い高度で飛ぶ様子を掲載しました。

　撮影者によると、同日午後 3 時半ごろ、龍郷町の奄美自然観察の森展望台「ドラゴン砦」から撮影したもので、「風景を撮影中、たまたま機体が現れたので撮れた。プロペラ機で、ゆっくりとした速度に感じた。カメラを下に向けて撮影したので、高度はけっこう低かったと思う」「機体は笠利湾上空を南方から北方に向けて通過した」とのことでした。

笠利湾上空を低空飛行する米軍輸送機

図 4-20　指標の建物の実測数値

　日本共産党の鹿児島県委員会（野元徳英委員長）と奄美大島市議団が取り組みました。垂直尾翼に星条旗と YJ らしい文字が読めるため、横田基地所属の C130J-30 とみて、推定計算を行いました。米軍機の背後に見える海辺の建物と位置は、奄美市の上島啓さんが特定しました。日本共産党奄美地区委員会の方が建物の大きさを実測しました（図 4-20）。

　この時はコロナ禍で現地測量調査ができず、国土地理院の電子国土

図 4-21　米軍機の推定高度

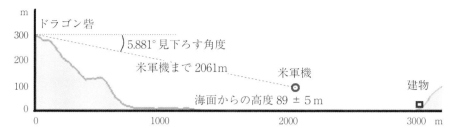

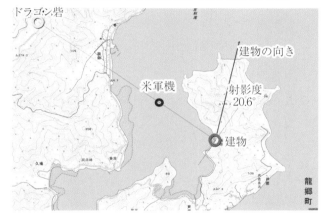

図 4-22　2020年奄美市における米軍機の推定位置

Webシステムを頼りに解析しました。撮影位置の「ドラゴン砦」の標高は300m。見えていた建物は高さ2.62m、幅6.16mでした。

建物までの水平距離は3014m。標高差は296m。カメラとの直線距離は3028m。仰角は−5.583度。少し見おろす角度です。建物は20.6度斜めから見ていることになるので5.77メートルの幅に見えた計算です。ドラゴン砦から見えた角度は393秒角になり、画像では22画素でした。すると画像の1画素は17.9秒角になります。米軍機の中心は建物底部よりも60画素だけ、さらに下方に見えているので、17.9×60＝1074秒角（0.298度）だけさらに下方に見えたことになります。合計すると−5.881度で見おろしていた計算です。

一方、米軍機の全長（34.695メートル）が194.5画素相当と判定できるので、ドラゴン砦のカメラからの距離は2061mだったと推定できました（図4-21、4-22）。

第4章　地方自治体・議会とも連携して国へ　143

$2061m \times \sin 5.881$ 度 $= 211m$　カメラの標高との差は、$300 - 211 = 89 (\pm 5)m$ と推定できました。

　日本共産党県委員会と議員団は6月15日、鹿児島市の県庁で会見を開き、高度100m以下で飛行していたと推測されると指摘しました。同委員会は「最低飛行高度を定めた日米合意に違反した」として、同日、県に対し県内での低空飛行訓練を行わないよう米軍に求めることなどを申し入れました。

　解析結果に基づき、県に対し、▽実態把握のため奄美の1市5町からの低空飛行目撃情報などの聞き取り、▽政府に対する米軍への厳重抗議と訓練中止の要請、▽県内各自治体での住民からの通報体制の拡充、などを求めました。

星座が低空飛行高度を初証言

　鹿児島市入佐町上空に、2023年5月23日午後8時27分ごろ、米軍大型機が低空で飛来しました。監視と記録に取り組んでいた日本共産党議員団が同夜、同町のお伊勢岡公園展望台で撮影に成功しました。暗闇の中、北北東から、爆音とともに、米軍機は飛来。4枚の画像を得ました。星座との位置関係を指標にして、高度、コースなどを解析してみると、対地高度は230～250mだったとみられました。

　米軍大型機を撮影した展望台には、標高191.92mの表記があります。その画像も送られてきました。現地

暗闇の中、爆音とともに飛来する米軍大型機（2023年5月23日夜、鹿児島県入佐町で撮影）

図 4-23　4 枚の画像を解析して得たカメラからの相対高度

	方位角	仰　角	距　離	相対高度	指標の星
1 枚目	19.36°	5.67°	2136m	211m	ケフェウス座の 4.2 等星
2 枚目	23.02°	13.29°	1005m	231m	ケフェウス座の 3.4 等星
3 枚目	25.60°	18.91°	718m	231m	りゅう座の 4.6 等星
4 枚目	30.82°	27.55°	477m	221m	りゅう座の 3.7 等星

測量できない時、こうした情報は大助かりです。方位角の確認に悩みましたが、「北から来た」ということでした。画像の Exif 情報によると、撮像素子はフルサイズ。撮影時の設定は最高感度の ISO6400 に設定して、50mm 標準レンズにして、絞りは 1.4 の開放、手持ちで 5 分の 1 秒露出。大納得の設定です。「カメラの達人」だとわかります。

　画像の周囲には、樹木以外に目安となりそうな地上の指標が見当たりません。ただ、よく見ると米軍機の周囲になんだか星が写っているようでした。

　天文ソフト「ステラナビゲータ」で、カメラの位置と撮影時刻にあわせ、北の低空を再現しました。50mm レンズの画角フレームをつくり、左右に動かしていくと、「ぎょしゃ座」のまんなかでした。カメラの位置と時刻が正確なら、星の位置は 1 秒角の精度で方位角と仰角が得られます。特定できた星の位置を基準にして、米軍機の中心までの画素数を数えたら、方位角も仰角もピタリとわかることになります。機体の見える大きさから推定距離を算出しますと、距離×三角関数の Sin 仰角＝カメラからの相対高度となります。

　1 枚目はカメラよりも約 210m 高、2 枚目は約 230m 高、3 枚目は約 230m 高、4 枚目は約 220m 高と推定しました（図 4-23）。機体のコース直下は標高約 170m の台地、つまり撮影場所よりもおよそ 20m ほど標高が低いため、その分を加えて対地高度は 230〜250m と推定しました。住民からは「自宅の真上を飛ぶので、こわい」などの苦情が寄せられていたとのことです。

　いつものように、レンズによる画像のゆがみなどは無視して近似的に扱い

第 4 章　地方自治体・議会とも連携して国へ

ました。位置などは国土地理院・電子国土 Web システムと計算ソフト、星の位置は天文シミュレーションソフトのアストロアーツ「ステラナビゲータ」を利用しました。

　米軍機は、機体の特徴などから、C130J-30 とみて位置を推算しました。撮影位置のお伊勢岡公園展望台位置は、北緯 31 度 35 分 7.81 秒、東経 130 度 24 分 25.81 秒。カメラ（EOS6D）の標高は 191.92 ＋ 1.6 ＝ 193.5m としました。

　機体を追尾しながらの撮影なので、背後の星が流れて写っていました。13 秒間に約 1700m 移動しているので、時速約 470km だったとみられました。

　夜の証拠写真なのに、背景の星ほしまで写しとれた画像をもらい、方位角と仰角、位置や高度が解析できたのは初体験でした。コロナ禍で実測しにくいとき、星に助けられた思いです。

高知・本山町に防衛省が「観測用カメラ」設置

高知県本山町の展望台に設置された観測カメラ（2022 年 4 月撮影）

　米軍機の通り道のような高知県本山町ですが、米軍機による低空飛行の実態把握へ、「観測用カメラ」を設置することが、2021 年 12 月末に明らかになりました。

　中国四国防衛局は低空飛行の実態を把握しようと、目撃が相次いでいる高知県本山町に、観測用の定点カメラと低空飛行に伴う騒音の大きさを測る測定器を設けて運用を始めました。高知県によれば、低空飛行を観測するためのカメラの設置は県内初です。低空飛行が確認されれば県にも映像が共有されるよう求めてい

て、高知県危機管理・防災課は「低空飛行の目撃が依然として相次いでいることは遺憾だ」としています。

筆者は「ついにここまできたか」との思いで、観測カメラ設置に尽力された細川博司前本山町長と一緒に見上げていました。「証拠の画像を県や町と共有させることが課題ですよねえ」と、細川前町長と話し合ったのでした。

かつて、「町に騒音計をつけたらどうでしょうか？」と、増田邦夫芸北町長（故人。広島「県北連絡会」副会長）に進言したことがあります。「う〜ん」と、増田さんは考えこみ

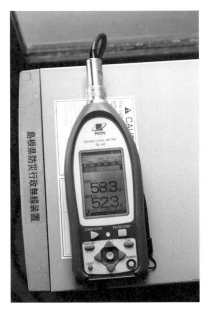

浜田市旭支所の騒音計

ました。芸北町では、学校など町ぐるみで監視の記録をつけていたので、客観的な記録の助けになるかもと考えたからでしたが、「そこまでは」と、増田さんはためらったのでしょうか。

第1章でもふれましたが、自治体で初の騒音計設置は、旧芸北町（現・北広島町）から北へ約20kmの、島根県浜田市の旭支所でした。2011年12月のことです。島根県浜田市旭支所の屋上に騒音計が設置され、猛烈な爆音の記録を開始しました。ともに「エリア567」内にあり、米軍機の爆音に悩まされている地域です。同支所自治振興課の白川敬さんは、「なんかせんと、（怒りの声が強くて）やれんのです」といいました。同支所では2012年1月から騒音観測を開始しました。

同支所の岩倉初喜自治区長が、低空飛行する米軍機の証拠写真を撮影し、そのたびに地元新聞社やテレビ局は大きく報じていました。2011年9月13日午後、浜田市旭町上空を米軍のFA-18ホーネットが長時間低空飛行しま

した。岩倉自治区長が同町木田の自宅近くで約70枚を撮影しました。島根県西部では、米軍機の低空飛行が続き、9月29日には佐野小学校上空で超低空飛行があり、恐怖のあまり児童が床にふせるほどでした。その年末に、浜田市旭支所の屋上に騒音測定器が設置されたのでした。

　翌年の2012年1月から3月の間、70デシベルを超える騒音を85回も記録しました。最大値は91.5デシベルも。「テレビの音や電話が聞こえない」「昼寝中の園児がおびえる」との声も寄せられました。日本共産党の西村健浜田市議からの調査要請があり、2012年3月28日に現地測量をしました。防六山（標高462.6m）付近から北方に向けて急降下し、木田小学校の約200m東を、対地高度250m程度の超低空で飛行したとみられました。現地に、秋山欣也さんとともに伺いました。旭支所の一帯が、「エリア567」といわれる訓練空域の下にあり、粘り強い取り組みが進められています。

　防衛省は基地の周囲に騒音計を設置していますが、基地から離れた場所では、広島県北広島町の八幡支所に設けたのが全国で初めてとされます。2013年6月、国（防衛省）は、島根県浜田市旭町丸原の刑務所隣地と広島県北広島町八幡の旧八幡支所に、自動騒音測定機設置を発表し、同年8月に騒音計を設置しました。住民の怒りの強さがここにも表れています。

　米軍基地の周囲でだけ設置されていた騒音計は、こうして住民の運動におされて各地に広がりました。低空飛行の抑止効果を期待した、監視カメラ設置要望も広がってきました。

大川村の「つぼみ保育所」園庭からの撮影（動画の1場面。2023年11月28日）

米軍機が高知・大川村の保育所と本山町に

　米軍戦闘機が 2023 年 11 月、高知県の大川村や本山町に飛来しました。大川村の「つぼみ保育所」園庭からの動画には、はげしい爆音とともに、園児らの「キャー」という悲鳴が混じって聞こえます。

　墜落の不安もよぎる急旋回ぶりです。30 年前の 1994 年 10 月 14 日、早明浦ダム湖に米軍 A6E イントルーダーが墜落し、乗員 2 名が死亡しています。

　東隣の本山町の保育所からも、町の展望台上空を東進する様子が撮影されました。

鹿児島・奄美大島で「オスプレイ」が超低空飛行

　鹿児島県奄美市の大熊漁港前を 2021 年 10 月 6 日午後 4 時ごろ、西南西から東北東に向けて、米軍のオスプレイ 2 機が低空飛行しました。一連の画像から、海面からの高度は 140m 前後だったとみられました。

　鹿児島県奄美市名瀬で 10 月 6 日午後 4 時ごろ、米軍のオスプレイ 2 機が山の稜線より低く、低空飛行しました。撮影者は待ち構えていて、赤崎公園付近（標高 175m）から撮影された連続画像が寄せられました。

　オスプレイは目前を旋回し、山上の風車をかすめ、陸上自衛隊奄美駐屯地付近で U ターンし、同じコースを逆向きに飛び去ったとのこと。鮮明な連続画像から、普天間基地（沖縄県宜野湾市）所属の MV22 オスプレイの 09 と 14 番機であることがわかりました。現地の位置や標高などは、国土地理院の電子国土 Web システムで確認し、画像中の護岸などの位置や方位角、距離に基づいて、画

奄美大島の大熊漁港前を低空飛行するオスプレイ（2021 年 10 月 6 日午後 4 時頃）

図4-24 2021年10月6日、奄美大島でのオスプレイの高度変化（上。合成写真）と推定コース

像の画素サイズを算出し、米軍機の位置を推定したものです。コロナ禍のため、現地測量できなかった状況では最善の方法と思えます。米軍の「オスプレイ」は、全長17.47m、ローター間13.96m、全高6.63mとして計算しています。撮影位置は、北緯28度24分7.86秒、東経129度29分27.94秒、標高17.53m。この位置から、指標にした護岸までの距離は2501m、同じく防波堤までの距離は2509m。このふたつが、国土地理院の電子国土Webシステムで得られました。仰角や方位角の指標にできたので、ふたつの指標間の角度は4.89度と算出。画像との比較で、相当する画素数は1309画素なので、1画素あたりは、0.003736度とみて、位置や高度を計算しています（図4-24）。

欠陥機「オスプレイ」のこと

　心配した通り、オスプレイの欠陥ぶりがあらわになる、いたましい事故が2023年11月29日に鹿児島県の屋久島で発生しました。目撃証言によれば、機体はエンジンから火を噴き、回転しながら墜落し、大破。乗員8人全員が

犠牲になりました。24年8月、米軍は事故調査報告書を公表。動力をプロペラに伝達するギアの破断が原因だとしましたが、破断に至った根本的な要因は特定できていません。「オスプレイ」の欠陥ぶりは周知の事実です。それでも17機も購入に踏み切った日本政府ですが、「オスプレイの降下率」は「1分間に5000フィート」と答弁しました。

　とんでもない速度です。「高さ33mから地表に激突したときと同じ速度」になります。2012年8月27日の参院予算委員会での森本敏防衛大臣の答弁です。「オスプレイは、エンジン停止時に、回転翼の揚力で着陸するオートローテーション（自動回転）機能を保有しているが、同機能は他のヘリコプターより低く、1分間に降下する降下率は1分間に5千フィート（1524m）だ」と。これは秒速25.4mであり、時速91.44kmにもなります。

　空気の抵抗を無視して計算すると、高さ33mのビルから飛び降りて地表に激突する瞬間の速度です。10階建てマンションの屋上から飛び降りたのと同じ感じです。安全に着地できるとは思えません。乗員の生命は考えていないと思える「設計速度」です。

　政府の説明では「他のヘリに比べればブレーキのかかり具合は小さくなるが、オートローテーション機能そのものはあるので緊急時にも目的地に着陸できる。アーサー・リボロ元主任分析官によるオートローテーションの欠如や下降時に制御不能になるなど6点の欠陥があるとの指摘は過去の話で、その後の技術革新で改善されている部分が多い」などというものです。しかし、もしも実際の機体で実験したら、乗員の死傷は避けられず、機体は修理不能になることが容易に想像できます。安全な高さにかかわり、労働安全衛生法では、墜落防止措置が必要な「高所作業」は2m以上と定めていて、この「2m」は世界標準にもなっています。高さ2mからの着地速度は、自衛隊が使う落下傘の着地設計速度にもなっています。高さ33mからの着地なら、無事ではすみません。「オスプレイ」は運用も製造も停止すべきだと考えます。

図4-25 2021年6月30日、青森県の小川原湖でのオスプレイ

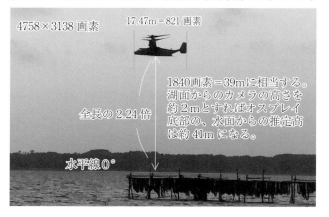

コロナ禍でも証拠写真で解析

　コロナ禍のために、要請があっても現地測量ができない状態が長く続きました。現地の組織に巻き尺で測ってもらい、「航空法違反」に迫れたのが、鹿児島県の奄美大島の龍郷町の事例でした（142ページ）。

　青森県小川原湖のオスプレイの事例は、機体を真横から見た画像が撮れたという特殊性はありますが、だれでもできる方法として紹介しておきたいと思います。

　青森県の小川原湖で2021年6月30日夕、米軍のオスプレイが水面すれすれを飛びました。日本共産党の市川俊光東北町議が18時48分ごろ、湖畔桟橋から撮影。オスプレイの高度推定値は、水面から41±2mとみられました。カメラから東南東、方位角は126度、水平距離は約538m、仰角は5.89度と推定できました。遠方の湖面を、水平0度の仰角と見立てました。

　オスプレイの全長は17.47m。オスプレイが真横を向いたこの画像では、全長が821画素相当であり、機体底部と湖面とは1840画素相当でした。機体の湖面からの高さは、全長の2.24倍相当の約39mと推定されます。ただし、カメラの高さを湖面から約2mとして加算し、誤差を加味すれば、「湖面からは約41±2m」と推定ができます（図4-25）。もちろん最低安全高度を下回っています。この件については次のようにしんぶん赤旗が報じました。

横田オスプレイ、湖占有／区域外で勝手に訓練　超低空飛行／青森・小川原湖

　小川原湖での救難訓練は、湖の中央付近で船から飛び込んだ兵士を、CV22がホバリング（空中停止）しながらロープでつり上げるというもの。爆音とともに水しぶきをたてるため、シジミ漁やワカサギ漁などに深刻な影響を与えます。訓練は漁業関係者の間で目撃が相次いでいましたが、日本共産党の市川俊光・東北町議が今年6月30日と今月1日に画像・動画を撮影し、波紋を広げました。

　市川町議は「単なる飛行ではない。午後5時すぎから2時間にわたり湖を占有していた。突然、湖が訓練場になるという事態が起きている」と語ります。……

　小川原湖の南東部には、三沢基地（三沢市）に属する米軍提供水域がわずかにありますが、目撃例はいずれも水域の外です。ところが東北防衛局は本紙の取材に「米軍から訓練場所を聞いてないので、提供水域の中か外か承知していない」と回答。責任回避の姿勢に終始しました。……

　小川原漁協の浜田正隆組合長は漁民の安全確保のためにも、「少なくとも、訓練前に事前協議をしてほしい」と憤ります。これに関して横田基地報道部は本紙の取材に、救難訓練の実施を認めた上で、「運用上・保安上の理由」から、訓練日程やルートの通告を拒みました。

（しんぶん赤旗2021年7月21日付）

沖縄の新聞報道の画像で判明──「米軍機は海面から44メートルか」

　琉球新報が2020年12月末に報じた「軍用機が超低空飛行　米軍機か、座間味で目撃」の動画をくわしく見ると、最接近時には、カメラと同じ高さ（44m）の超低空飛行だったとみられました。

　座間味村の宮平譲治さんが2020年12月28日午後2時ごろ、座間味村阿真の神の浜展望台から撮影した動画のうち、機体の進行方向とカメラの向き

第4章　地方自治体・議会とも連携して国へ

2020年末、沖縄・座間味村で超低空飛行するオスプレイの証拠画像

がほぼ直交しているとき（報道された動画で39秒の位置）が、最接近時になります（左の写真）。

　このとき、米軍機の右主翼先端が遠方の海面に接して見えます。つまり、右主翼先端の高さは、カメラと同じだったことになります。展望台には「海抜44m」の標識がありますが、国土地理院の電子国土Webシステムでは、43mと表示されています。現地測量をしてはいませんが、海面からの高度がわかる特殊な実例の一つです。

沖縄県知事抗議に逆なで画像も

　玉城デニー沖縄県知事は2021年1月28日に、ロバート・ケプキー在沖米国領事あてに、「座間味村及び渡嘉敷村周辺における米空軍第353特殊作戦群所属のMC-130J特殊作戦機による低空飛行について（抗議）」の文書を提出しました。

　2019年12月に座間味で2機、同月29日に4機、2021年1月6日には座間味と渡嘉敷で5機が低空飛行したとして、「提供施設・区域外」で「航空法等の最低高度基準を明らかに下回ると思われる低空飛行が繰り返し」ていると批判。県民に不安を与えないこと、日米地位協定の抜本的な見直しを求めていました。

　ところが米軍は、2022年1月7日午後、7機もの編隊で、沖縄の海岸を低空飛行している画像をSNSで発信しました。米軍嘉手納基地のページには「（2022年）1月6日、日本の嘉手納基地で2年に一度行われる『フライ

ト・オブ・ザ・フロック』訓練イベントがおこなわれた」と公表しました。「沖縄沖でのMC-130JコマンドーIIの編隊飛行。(米空軍写真撮影：1等空士スティーブン・パルター)」と説明も。高画質版(横4317×縦2598画素)の画像に、「Exif情報」が残っていました。海岸を飛んでいる画像について主な情報を見てみると、次のようでした。

ファイル名：220106-F-JK399-2157.jpg
キーワード：Air Force ／ Flight of the Flock ／ MC-130J Commando II ／ Special Operations ／ USAF
特別指示：Released by: Maj. Raymond Geoffroy, Chief, Public Affairs
撮影日：20220106 ／ 撮影時間：145101 ／ 撮影者：Airman 1st Class Stephen Pulter ／ 撮影者の肩書：Public Affairs Apprentice
▼メイン情報／メーカー名：NIKON CORPORATION ／ 機種：NIKON Z6
▼サブ情報／露出時間：1/250秒／レンズF値：F6.3 ／露出制御モード：マニュアル設定／ ISO感度：50 ／オリジナル撮影日時：2022:01:06 14:51:01 ／シャッタースピード：250分の1秒／レンズ絞り値：F6.3 ／レンズの焦点距離(35mm)：78(mm)／ NIKKOR Z 70-200mm f/2.8 VR S ／ 35.9×23.9mmサイズCMOSセンサー、ニコンFXフォーマット。

「沖縄沖でのMC-130JコマンドーIIの編隊飛行」(米空軍撮影)の画像

筆者は「訓練なのか？　『植民地の海岸で遊覧飛行』では？」と感じています。一連の米軍大型機の低空飛行で、沖縄県民の怒りが強まっているのは当然ではないでしょうか。

おわりに

　お読みいただき、ありがとうございます。監視・告発は確かな力を発揮していると思えます。でも爆音は続いています。だからこそ、多くの人に関心を持ち続けてほしいと希望します。

　これまでの四半世紀の節々で、日本共産党の月刊誌『前衛』に寄稿していた小論を縦軸にして、各地の調査活動と現地の声や動き、解析の苦労話をつづってみました。貴重な画像や動画や音声、各種の資料をいただきながらも、すべてをご紹介できなかったのが心残りですが、あたたかいご協力をいただいたみなさんに心からお礼を申し上げます。

　ときどき、こうした活動に注目してくださる方がいて、お話しさせていただく機会があります。愛媛大学学生祭の2019年度研究フォーラムが2019年11月9日に開かれ、筆者が報告したのもそんな機会の一つでした。この時は愛媛大学の和田寿博教授に大変お世話になりました。

　「くらしのなかの基地・平和」がテーマであり、学生の皆さんが主役です。約50人が参加していました。発表の目的は、①基地問題や平和に関する問題について、学生の学びを共有する、②当事者として考える、③学生・市民みんなで考える、というものでした。学生たちは岩国や広島で米軍基地を視察し、そこで体験したことを発表しました。岩国基地で体験した爆音が強烈な印象に残ったことが、学生たちに共通していました。

　この企画は、FM愛媛の人気パーソナリティーのポン川村さんや、たぶち紀子松山市議、放送局職員らが応援にかけつけ、温かいムードで進みました。冒頭に「青い空は」を合唱し、平和を願う気持ちが高まります。低空飛行解析センターメンバーの秋山欣也さん（秋山測量）も来賓としてあいさつしました。

　「低空飛行と『オスプレイ』の危険」と題した筆者の講演は1時間あまり。オスプレイの欠陥をとりあげ、動画や飛行高度、コースを解明した事例を述

べました。「事実で迫る」は大きな共感を得たように感じました。講演についての感想が同月20日に主催者の方から届きました。いくつかご紹介します。

「高度の解析方法など、なるほどと思った」「私も高知の山間部出身でオレンジルート下が実家です。こんなにも危ないものの下に生きている人がいること、『命と暮らし』の問題であることを改めて感じ、変えていくための行動が必要だと思いました」「事実を明らかにし、せまることが、思想・信条をのりこえ、危険、騒音として一致点を見いだし、世論を動かせるという言葉が印象的」「科学技術や数学を駆使し、事実に迫る方法によって、『危ない』ことを示していただき、わかりやすいものでした」「『印象ではなく事実でせまる』とても興味深い内容でした」「『事実でせまる』いい言葉ですね！」「『あぶない』『うるさい』は思想信条を越えて共感できるものとの意見に納得」。

筆者は自分の活動、そしてそれを知っていただくことを通じて、米軍の横暴を抑え、住民の安全を守る運動の助けになればと思っています。

＊

「はじめに」でも述べた、私が米軍機の低空飛行を初めて目撃・撮影したときの様子を、もう少し詳しく紹介したいと思います。1998年10月21日午前8時9分ごろのこと。しんぶん赤旗の原田浩一朗記者とともに、広島県北東部の鳥取県との境にある岩樋山(いわひやま)(標高1271m)にさしかかる休息所にいたとき、かすかな爆音が西方から聞こえました。約2分後、黒い機影が見え始めます。400mmの望遠レンズに交換して、最高速のシャッターにセット。高感度フィルムです。36枚撮りなので無駄撮りは禁物です。点が大きくなるや、FA-18ホーネットが目の高さを東進していきました。猛烈な爆音です。32コマ連写。後年、地図で「ブラウンルート」をたどると、約14km北東の大倉山(鳥取県日南町、標高1112m)を目指していたようでした。

しばらくして、岩樋山から南方の猫山(標高1196m)の東を、先ほどの倍

速かと思えるほどの速度で飛来。戦闘機が2機見えました。右旋回しながら西に抜ける機体を、原田記者は200mmレンズで連写。後日、写真誌のグラフ『こんにちは』（1998年11月15日号、第323号）が掲載し、「県北連絡会」の冊子も飾りました。このときの写真パネルを、1999年6月26日の第3回「県北連絡会総会」後の懇談会席上で披露し、交流を深めました。

米軍機の低空飛行の画像を見る、志位氏（右）と増田芸北町長（1999年6月26日、広島県三次市）

　レーダーを持たない住民が、飛行高度を確かめられるのか？　相談されたとき返事に困り、問い合わせたゼネコン測量部からは、「不可能」との回答が返ってきました。そういうもとでも知恵と身近な道具を使って高度解析にとりくんできました。測量技術の応用も手探りでした。

　しかし、飛行高度や危険な飛び方がわかっていくと、「やっぱりなあ」の声です。低空飛行問題が起きると、「数字があると書きやすいですから」と現地での報道各社は真剣です。住民の生活や命にも関わるテーマのせいでしょうか、初対面のはずなのに、すぐに旧知の間柄のようになれることがしばしばです。郷土を愛している人ほど、憤りが強いとも感じました。

　被害住民や自治体の取り組みの後押し活動を続けて感じるのは、航空法「最低安全高度」にふれるかどうかよりも、なんの予告もなく、猛烈な爆音を伴って超低空で飛んでくること自体への、きびしい怒りの強さです。アメリカ本国では決してできない、病院や学校の真上も飛ぶひどさが、日本だからできるのでしょうか？　いのちの重さが違うのでしょうか？　あまりに不平等ではありませんか？　低空飛行の延長には、大量殺戮と破壊をともなう戦争があります。無数のいのちを載せた、かけがえのない地球の表面で、殺し合いはもちろんのこと、戦争の練習はやめてほしい。「あぶない」「うるさ

おわりに　159

い」で、ひとつになれます。
　安全で静かな青空を私たちの手に！

資　料

低空飛行訓練ルート

　162〜164ページに、在日米軍が設定した7つの低空飛行訓練ルートの地図を掲載します。公表されていないブラウンルートについては74ページの図3-2を参照してください。各ルートの原図は、防衛省の「オスプレイ」配備関連の「MV-22の普天間飛行場配備及び日本での運用に関する環境レビュー最終版」のうち、Appendix（付録）Dに掲載されていて、ダウンロードした図の印や経緯線にもとづいて、各ポイントの東経と北緯を読み取っています。

　記載したのは、低空飛行ルート名、東経、北緯（読み取り位置）、地名など（地点番号は整理の都合によるもの。読み取り位置の表示は度.分.秒）。

オレンジルート

ORANGE-1	132.57.30	33.54.07	東三方ヶ森（山）
ORANGE-2	133.12.59	33.50.21	加茂発電所
ORANGE-3	133.36.00	33.48.30	白髪山※
ORANGE-4	133.56.57	33.47.37	綱附森（山）
ORANGE-5	134.18.24	33.34.00	宍喰大橋
ORANGE-6	135.14.54	33.46.49	狼煙山
ORANGE-7	135.23.07	33.57.19	椿山ダム

イエロールート

YELLOW-1	131.37.37	33.05.16	犬飼大橋か※
YELLOW-2	130.56.03	33.28.14	英彦山
YELLOW-3	130.47.05	33.10.19	日向神ダム
YELLOW-4	131.04.54	32.53.10	阿蘇山火口
YELLOW-5	130.56.12	32.39.27	緑川ダム
YELLOW-6	131.01.27	32.19.33	市房ダム
YELLOW-7	131.36.54	32.47.59	北川ダム

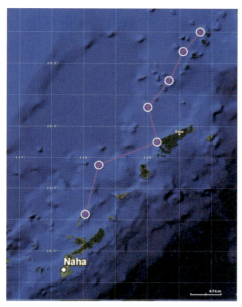

パープルルート

PERPUL-1	128.01.37	27.05.10	田名岬
PERPUL-2	128.13.54	27.53.15	硫黄鳥島
PERPUL-3	129.09.03	28.15.16	曽津高崎(岬)
PERPUL-4	129.00.10	28.48.42	横当島
PERPUL-5	129.19.46	29.13.48	子宝島
PERPUL-6	129.33.00	29.41.41	平島
PERPUL-7	129.49.06	30.00.00	前岳から西10キロの海上※

ブルールート

BLUE-1	137.29.30	36.01.53	高根第一発電所
BLUE-2	137.39.50	36.34.06	黒部ダム
BLUE-3	137.50.28	36.55.18	新小滝川発電所
BLUE-4	138.21.43	36.50.50	飯山駅か
BLUE-5	139.02.26	36.48.42	藤原ダム
BLUE-6	139.15.45	37.09.12	奥只見ダム
BLUE-7	139.18.25	37.17.56	田子倉ダム
BLUE-8	139.35.10	37.27.13	沼沢湖
BLUE-9	139.45.00	38.03.26	小国町市街
BLUE-10	139.42.53	38.24.48	北俣山
BLUE-11	139.13.48	38.26.02	粟島八幡鼻※

資　料

グリーンルート

GREEN-1	140.32.19	36.55.19	塙町那倉地区※
GREEN-2	140.42.21	37.21.34	大滝根山
GREEN-3	140.41.31	37.46.05	霊山
GREEN-4	140.26.31	38.09.18	熊野岳
GREEN-5	140.38.56	38.45.12	大柴山
GREEN-6	140.48.40	39.18.50	錦秋湖
GREEN-7	140.59.56	39.52.39	岩手山
GREEN-8	140.54.58	40.27.34	御倉山

ピンクルート

PINK-1	139.44.48	38.03.52	小国町の大工場か※
PINK-2	139.43.06	38.16.38	猿田ダム
PINK-3	139.42.49	38.25.21	北俣山
PINK-4	140.02.47	38.39.13	虚空蔵岳
PINK-5	140.08.15	38.55.50	弁慶山か※
PINK-6	140.18.07	39.22.21	保呂羽山
PINK-7	140.38.52	39.45.20	田沢湖
PINK-8	140.37.34	40.03.13	大平湖
PINK-9	140.21.53	40.24.52	早口ダム
PINK-10	140.45.33	40.33.49	毛無山

横田　C-130 有視界編隊飛行ルート

「横田　C-130 有視界編隊飛行　ルート図」の各点の推定位置が、提供資料地図の読み取り作業でわかりました。推定位置の誤差は約１km。「付近の建造物」は、上空から見える目標物を推定しています。

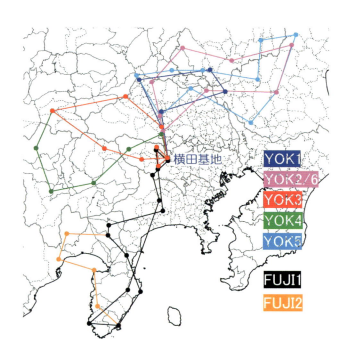

ルート名	東経と北緯（度：分：秒）		自治体	付近の建造物
YOK1_1	139:20:55	35:44:53	東京都福生市	横田基地
YOK1_2	139:17:54	36:02:29	埼玉県嵐山町	ベイシアフードセンター
YOK1_3	139:47:15	36:10:07	茨城県古河市	北利根工業団地４号バイパス
YOK1_4	139:40:19	36:18:41	栃木県岩舟町	東武日光線静和駅
YOK1_5	139:07:42	36:14:43	埼玉県上里町	上越新幹線
YOK1_6	139:17:54	35:56:44	埼玉県毛呂山町	埼玉医科大学
YOK2/6_1	140:17:48	36:28:16	茨城県城里町	日本自動車研究所テストコース
YOK2/6_2	139:50:11	36:22:12	栃木県下野市	小金井駅

資　料　165

YOK2/6_3	139:27:37	36:27:03	栃木県佐野市	多高山
YOK2/6_4	139:13:28	36:13:51	埼玉県本庄市	藤田小学校
YOK2/6_5	139:17:12	36:00:45	埼玉県ときがわ町	愛宕山
YOK2/6_6	139:18:34	35:54:52	埼玉県毛呂山町	埼玉医科大学
YOK2/6_7	139:38:37	36:10:33	埼玉県加須市	埼玉大橋
YOK2/6_8	140:10:48	36:09:54	茨城県土浦市	ホテルいやしの里
YOK3_1	139:20:55	35:44:53	東京都福生市	横田基地
YOK3_2	139:18:01	35:56:42	埼玉県毛呂山町	埼玉医科大学
YOK3_3	139:01:26	36:08:16	群馬県藤岡市	下久保ダム
YOK3_4	138:27:47	36:02:46	山梨県小梅町	千曲川・松原湖
YOK3_5	138:51:42	35:48:19	山梨県丹波山村	青梅街道・大常木トンネル
YOK3_6	139:08:52	35:44:13	東京都檜原村	国保檜原診療所
YOK3_7	139:15:44	35:48:52	東京都青梅市	青梅駅
YOK3_8	139:16:32	35:41:36	東京都八王子市	宝生寺団地
YOK4_1	139:20:56	35:44:47	東京都福生市	横田基地
YOK4_2	139:17:57	35:53:50	埼玉県日高市高麗本郷	NTT高指無線中継所
YOK4_3	139:02:59	35:48:03	東京都奥多摩町	小河内ダム
YOK4_4	138:46:45	35:35:00	山梨県笛吹市	刈置沢
YOK4_5	138:27:12	35:31:44	山梨県富士川町	富士橋付近
YOK4_6	138:20:14	35:48:25	山梨県北杜市	釜無川第1発電所
YOK4_7	138:27:46	36:02:47	山梨県小梅町	千曲川・松原湖
YOK5_1	140:19:45	36:32:06	茨城県城里町	赤沢富士
YOK5_2	140:03:40	36:29:58	栃木県市貝町	「花王」栃木工場
YOK5_3	140:02:10	36:14:51	茨城県筑西市	大村小学校
YOK5_4	139:36:53	36:18:24	栃木県佐野市	佐野工業団地
YOK5_5	139:22:38	36:18:24	群馬県太田市	富士重工業工場
YOK5_6	139:06:26	36:16:26	群馬県高崎市	高崎市陸上自衛隊駐屯地
YOK5_7	139:17:22	36:00:42	埼玉県ときがわ町	玉川トレーニングセンター
YOK5_8	139:31:28	36:11:20	群馬県明和町	東武伊勢崎線利根川鉄橋
YOK5_9	139:59:04	35:58:16	茨城県つくばみらい市	谷和原IC
YOK5_10	140:10:45	36:09:56	茨城県土浦市	ホテルいやしの里
FUJI1_1	139:15:29	35:47:44	東京都青梅市	青梅駅

FUJI1_2	139:18:36	35:24:18	神奈川県伊勢原市	東海大学
FUJI1_3	138:53:41	35:18:53	静岡県御殿場市	陸上自衛隊東富士演習場
FUJI1_4	138:53:20	35:15:02	静岡県御殿場市	トヨタ自動車研究所
FUJI1_5	139:01:59	35:07:22	静岡県熱海市	十国峠（日金山）
FUJI1_6	139:08:23	34:53:39	静岡県伊東市	城ヶ崎海岸
FUJI1_7	138:58:16	34:40:54	静岡県下田市	白浜
FUJI1_8	138:44:45	34:41:39	静岡県南伊豆町	波勝崎
FUJI1_9	139:02:35	34:54:20	静岡県伊豆市	冷川の峠
FUJI1_10	139:16:56	35:28:16	神奈川県清川村	別所温泉
FUJI1_11	139:13:54	35:38:06	神奈川県相模原市	小仏峠
FUJI1_12	139:16:19	35:40:24	東京都八王子市	陵北病院・恩方病院
FUJI1_13	139:20:55	35:44:53	東京都福生市	横田基地
FUJI2_1	139:20:40	35:44:23	東京都福生市	横田基地
FUJI2_2	139:15:25	35:47:45	東京都青梅市	青梅駅
FUJI2_3	138:53:24	35:15:08	静岡県御殿場市	陸上自衛隊東富士演習場
FUJI2_4	138:34:24	35:15:41	静岡県富士宮市	大石寺付近
FUJI2_5	138:30:43	35:05:56	静岡県静岡市	共同製茶工場
FUJI2_6	138:47:01	35:01:46	静岡県沼津市	伊豆半島の大瀬崎
FUJI2_7	138:48:36	34:48:12	静岡県西伊豆町	仁科川第二発電所
FUJI2_8	138:58:26	34:40:56	静岡県下田市	伊豆半島の白浜

※　塩川鉄也衆院議員（日本共産党）から寄せられたルート図に基づくポイントを示す。番号は筆者による。

1999年日米合意

在日米軍による低空飛行訓練について

　平成11年1月14日、日米合同委員会は、在日米軍による低空飛行訓練について別紙を公表することに合意した。

　なお、日米両国政府は、今後、必要に応じ、低空飛行訓練について協議していくこととなっている。

　日本において実施される軍事訓練は、日米安全保障条約の目的を支えることに役立つものである。空軍、海軍、陸軍及び海兵隊は、この目的のため、定期的に技能を錬成している。戦闘即応体制を維持するために必要とされる技能の一つが低空飛行訓練であり、これは日本で活動する米軍の不可欠な訓練所要を構成する。安全性が最重要であることから、在日米軍は低空飛行訓練を実施する際に安全性を最大限確保する。同時に、在日米軍は、低空飛行訓練が日本の地元住民に与える影響を最小限にする。

　1．最大限の安全性を確保するため、在日米軍は、低空飛行訓練を実施する区域を継続的に見直す。低空飛行の間、在日米軍の航空機は、原子力エネルギー施設や民間空港などの場所を、安全かつ実際的な形で回避し、人口密集地域や公共の安全に係る他の建造物（学校、病院等）に妥当な考慮を払う。

　2．在日米軍は、国際民間航空機関（ICAO）や日本の航空法により規定される最低高度基準を用いており、低空飛行訓練を実施する際、同一の米軍飛行高度規制を現在適用している。

　3．低空飛行訓練の実施に先立ち、在日米軍は、訓練区域における障害物ないし危険物について、定期的な安全性評価の点検を行う。更に、情報伝達及び飛行計画チャートへの記載のため、パイロットは訓練区域における変化をスケジュール策定担当部局に継続的に報告する。

　4．低空飛行を含む訓練飛行の実施に先立ち、飛行クルーは、標準的な運用手続及びクルーの連携機能をレビューするため徹底したブリーフィングを実施し、計画された飛行経路を念入りに研究する。また、整備要員と飛行クルーは離陸に先立ち航空機を点検し、航空機が安全にその任務を遂行するこ

とを確保する。
　５．在日米軍は、日本国民の騒音に対する懸念に敏感であり、週末及び日本の祭日における低空飛行訓練を、米軍の運用即応態勢上の必要性から不可欠と認められるものに限定する。
　６．米国政府は、低空飛行訓練によるものとされる被害に関する苦情を処理するための、現在の連絡メカニズムを更に改善するよう、日本政府と引き続き協力する。

航空法（最低安全高度）
　第八十一条　航空機は、離陸又は着陸を行う場合を除いて、地上又は水上の人又は物件の安全及び航空機の安全を考慮して国土交通省令で定める高度以下の高度で飛行してはならない。但し、国土交通大臣の許可を受けた場合は、この限りでない。

航空法施行規則（最低安全高度）
　第百七十四条　法第八十一条の規定による航空機の最低安全高度は、次のとおりとする。
　一　有視界飛行方式により飛行する航空機にあつては、飛行中動力装置のみが停止した場合に地上又は水上の人又は物件に危険を及ぼすことなく着陸できる高度及び次の高度のうちいずれか高いもの
　　イ　人又は家屋の密集している地域の上空にあつては、当該航空機を中心として水平距離六百メートルの範囲内の最も高い障害物の上端から三百メートルの高度
　　ロ　人又は家屋のない地域及び広い水面の上空にあつては、地上又は水上の人又は物件から百五十メートル以上の距離を保つて飛行することのできる高度
　　ハ　イ及びロに規定する地域以外の地域の上空にあつては、地表面又は水面から百五十メートル以上の高度

二　計器飛行方式により飛行する航空機にあつては、告示で定める高度

低空飛行解析センターの主な活動の歩み

※は関連した米軍や行政の動き

年月日など	米軍機機種	場所、できごと、米軍機の高度、撮影者など
1998年10月21日 朝	FA18ホーネット 2機撮影	初のブラウンルート証拠写真を、しんぶん赤旗記者の原田浩一朗さんとともに筆者が撮影
2000年7月6日 11時30分	FA18ホーネット	広島県山県郡芸北町立八幡小学校 225m 金田道紀校長 オリンパス キャメディアC900
2001年11月21日	FA18ホーネット	この日に計算。島根県石見町矢上・七日市 NHKラジオアンテナ 963m 井上義信さん撮影
2003年9月5日	F14トムキャット	71〜118m（役場北東の芸備線鉄橋の上）。広島県西城町役場で、角田多加雄行政係長が目撃「天窓の3〜4分の1の大きさに見えた」（目撃視線方向と見かけの大きさから解析）
2007年4月11日 10時52〜53分	プラウラー	54m。岡山県川上郡の蒜山中学校生徒らと福原明知さんが目撃（見かけの大きさは約8度）
2007年9月13日 14時すぎ	プラウラー	62m（湯原ダム東の尾根から）。岡山県真庭市の湯本つり橋の東詰から片山誠真庭市建設課主幹ら5人
2008年7月16日	MC130H	四国を横断。愛媛県八幡浜市。県立八幡浜高校付近では、地表から266m。2009年4月に秋山欣也さんが測量
2008年11月4日 12時46分から	FA18ホーネット	島根県江津市桜江町長谷の風の国「風の工房」から佐々木さとみさん撮影。山頂付近で推定130m
2009年1月8日	FA18ホーネット	徳島県海陽町宍喰。米沢正博さん撮影。350〜360m
2009年1月27日	プラウラー	高知県香美市の矢筈山。岸野暢三さん撮影。2009年4月に秋山欣也さんが測量
2009年4月16日	MC130H	鹿児島県日置市で満留さん撮影。9月に秋山欣也さんが測量
2009年7月7日	MC130H	鹿児島県南さつま市。加世田小学校付近の山頂からの対地表高度は約147m

資料

2009年7月30日	MC130H	鹿児島県南さつま市。対地表高度は約159m（測量・秋山欣也さん）
2009年10月26日 10時30分	C130H	山梨県北杜市。写真解析
2009年12月10日	C130H	山梨県富士吉田市
2010年4月6日	FA18ホーネット	熊本県南阿蘇村から豊永和明さん（プロカメラマン）の撮影。未調査
2010年6月22日	FA18ホーネット	広島県北広島町（旧芸北町）八幡小学校上空。中村英信さんが自宅から撮影。205m。測量・秋山欣也さん
2010年11月8日	FA18ホーネット	徳島県海陽町。有田忠弘さん撮影
2011年3月2日	FA18ホーネット	岡山県津山市上田邑。30～40m（目撃視線方向から解析）。測量・秋山欣也さん
2011年9月13日	FA18ホーネット	島根県浜田市旭町。対地高度約250m。2012年3月28日に調査。測量・秋山欣也さん
2011年11月30日	FA18ホーネット	徳島県海陽町有田忠弘さん撮影。108m。測量・秋山欣也さん
2011年12月20日	FA18ホーネット	広島県三次市作木小学校。204m。測量・秋山欣也さん
※ 2011年12月		島根県浜田市旭支所屋上に騒音計設置。市独自は全国初。
2012年3月27日	FA18ホーネット	島根県浜田市旭支所屋上から白川敬さんが撮影した画像で解析。東方山頂部から160m上空
※ 2012年3月13日		広島県廿日市市が市独自に騒音計設置を表明
※ 2012年7月23日		「オスプレイ」山口県の岩国基地に陸揚げ
※ 2012年9月10日		広島県内では初設置、江田島市大柿支所に市独自で騒音計
※ 2012年10月		島根県が県独自で騒音計設置。県による設置は全国初
※ 2013年2月15日		沖縄県宜野座村が騒音測定機設置

※ 2013年3月26日		群馬県が県庁と渋川合同庁舎に騒音測定機を設置
2013年4月23日 午後9時	オスプレイ	沖縄県宜野湾市。普天間飛行場周辺。桃原功さん撮影。240m
※ 2013年5月24日		高知県が四国で初めての騒音測定機を本山町に設置。
2013年6月4日	EA6Bブラウラー	広島県三次市作木町。カヌー公園と川の駅「常清」。85m。測量・秋山欣也さん
2013年6月4日	FA18ホーネット	広島県北広島町八幡。約380m。100デシベル超、同町八幡出張所の騒音計に記録。尾翼のマークから「VMFA（AW）533 Hawks」。中村英信さんが撮影。測量・秋山欣也さん
※ 2013年7月30日		オスプレイ12機追加配備
2013年8月13日	MC130	鹿児島県南さつま市。約170m。野元徳英さん撮影
※ 2013年9月		島根県浜田市旭町に国が騒音計設置
2014年1月23日 正午すぎ		広島県北広島町で2機。推定高度200〜300m
※ 2014年3月		徳島県が補正予算で騒音測定機2台購入し海陽町と牟岐町に設置
※ 2014年3月		広島県廿日市市議会は騒音測定機2台の予算を可決
2014年12月2日	大型機3機	東北新幹線車窓から撮影。推定高度は360mと390m
2014年12月15日	EA18Gグラウラー	厚木基地所属機。徳島・高知を低空飛行
2014年12月23日	EA18Gグラウラー	厚木基地所属機。高知県香美市を低空飛行
2014年12月5日、 15日、18日、 2015年1月23日	EA18Gグラウラー	徳島県牟岐町内妻。推定高度は161〜406m。測量・秋山欣也さん
※ 2015年10月		高知県香美市の民家先に、市独自の騒音計設置
2015年12月16日		高知県香美市。鯉のぼりから196m。測量・秋山欣也さん

2018年2月	ヘリコプター(編隊)	広島県廿日市市の沖合。海面から88mか
※ 2018年4月		厚木基地の米空母艦載機60機、岩国へ移駐完了
2018年7月18日	ヘリコプター	沖縄県国頭村の安波ダムで低空飛行。湖面から20mか
2018年8月30日	オスプレイ	鹿児島県奄美大島で低空飛行。150mすれすれか
2019年4月8日	オスプレイ	岡山県倉敷市の市役所上空を飛行。推定高度1800m
2019年5月22日	戦闘機	徳島県海陽町で低空飛行。150m以下。測量・秋山欣也さん
2019年5月30日	大型機	長野県佐久市で低空飛行。230m。測量・秋山欣也さん
2020年2月21日	大型機2機	高知県本山町を早明浦ダム方面へ飛行。推定高度240m。測量・秋山欣也さん
2020年4月8日	大型機	鹿児島県奄美大島で横田基地所属機が低空飛行。海面から約90m
2021年6月25日	ヘリコプター	東京都新宿西口で低空飛行。都庁東のビルから約90m
2021年6月30日	オスプレイ	青森県の小川原湖面すれすれを飛行。湖面から約40m
2021年10月6日	オスプレイ	鹿児島県奄美市の大熊漁港前を飛行。海面から140m前後
2021年10月18日	戦闘機3機	富山県立山町の黒部ダム上を低空飛行。えん堤から150m以下
2023年5月23日	大型機	鹿児島県鹿児島市で低空飛行。推定高度230〜250m

大野智久（おおの　ともひさ）

1948年、岡山県出身。低空飛行解析センター代表。島根大学文理学部卒業。日本共産党岡山市議団事務局長、岡山県赤旗専任通信員、党衆院中国ブロック事務所員、岡山民報編集長などを経て現職。

米軍機（べいぐんき）の低空飛行（ていくうひこう）を止（と）める――高度（こうど）に事実（じじつ）で迫（せま）る手引（てび）き

2024年12月15日　初版

著　者　　大　野　智　久
発行者　　角　田　真　己

郵便番号　151-0051　東京都渋谷区千駄ヶ谷4-25-6
発行所　株式会社　新日本出版社
電話　03（3423）8402（営業）
　　　03（3423）9323（編集）
info@shinnihon-net.co.jp
www.shinnihon-net.co.jp
振替番号　00130-0-13681
印刷　亨有堂印刷所　　製本　東京美術紙工

落丁・乱丁がありましたらおとりかえいたします。
Ⓒ Tomohisa Oono 2024
ISBN978-4-406-06824-6 C0031　　Printed in Japan

本書の内容の一部または全体を無断で複写複製（コピー）して配布することは、法律で認められた場合を除き、著作者および出版社の権利の侵害になります。小社あて事前に承諾をお求めください。